Research on the propagation law of hydraulic deep coalbed methane reservoir

深部煤层气储层
水力压裂裂缝扩展规律研究

任青山 ◎ 著

知识产权出版社
全国百佳图书出版单位
—北京—

图书在版编目（CIP）数据

深部煤层气储层水力压裂裂缝扩展规律研究 / 任青山著. —北京：知识产权出版社，2025.3. —ISBN 978-7-5130-9899-1

Ⅰ.TD742

中国国家版本馆 CIP 数据核字第 2025LC5588 号

内容提要

本书以沁水煤田 15 号煤储层为研究对象，研究了煤岩的力学性质，并通过水力压裂试验研究了水力裂缝在煤层气储层中起裂和扩展的控制因素，通过理论分析、实验室试验、数值模拟等研究并总结了煤岩水力裂缝起裂和扩展的规律，为深部煤层气资源的开发提供参考。

本书可供煤层气领域相关的科研人员、高校师生、工程技术人员阅读参考。

责任编辑：张雪梅　　　　　　　　责任印制：孙婷婷
封面设计：曹　来

深部煤层气储层水力压裂裂缝扩展规律研究
SHENBU MEICENGQI CHUCENG SHUILI YALIE LIEFENG KUOZHAN GUILÜ YANJIU

任青山　著

出版发行：知识产权出版社有限责任公司	网　　址：http://www.ipph.cn
电　　话：010-82004826	http://www.laichushu.com
社　　址：北京市海淀区气象路 50 号院	邮　　编：100081
责编电话：010-82000860 转 8171	责编邮箱：laichushu@cnipr.com
发行电话：010-82000860 转 8101	发行传真：010-82000893
印　　刷：北京中献拓方科技发展有限公司	经　　销：新华书店、各大网上书店及相关专业书店
开　　本：720mm×1000mm　1/16	印　　张：9.75
版　　次：2025 年 3 月第 1 版	印　　次：2025 年 3 月第 1 次印刷
字　　数：162 千字	定　　价：69.00 元

ISBN 978-7-5130-9899-1

出版权专有　　侵权必究

如有印装质量问题，本社负责调换。

前　　言

沁水煤田是我国最重要的煤层气开发基地之一，近年来该煤田浅部煤层气资源日益减少，埋藏深度大于1 000m的深部煤层气资源的开发是下一阶段煤层气开发的重点，这表明我国煤层气工业将走向深部。深部煤层气的工业开发会遇到深部高应力和储层低渗透性问题，这严重制约了煤层气资源的高效开采。我国深部煤层气储层压裂工艺目前仍处于探索阶段，裂缝扩展路径的监测手段仍然不成熟，迫切需要对深部煤储层的水力裂缝扩展规律进行研究，为改进深部煤层气储层压裂技术寻求理论支撑。

本书以沁水煤田15号煤层的水力压裂为研究背景，以水力压裂裂缝的起裂和扩展规律为研究主线，综合运用理论分析、实验室试验、数值模拟等多种研究方法，系统研究典型的深部含裂隙的煤储层的裂缝扩展特征及影响因素，分析埋深、储层非均质性、压裂液黏度和压裂液流量等多种因素对裂缝扩展特征的影响，揭示深部煤储层裂缝起裂和扩展的规律，寻找深部煤层气高效开发的最优路径。

本书的创新点在于：采用CT图像三维重构技术和图像算法定量解算出沿着煤岩外生裂隙起裂的平均能量损耗小于沿着层理面起裂的平均能量损耗；采用试验和数值分析结合的方法解算出水平主应力差异系数$k=1.04$为煤层气储层裂缝转向的临界值；建立了含随机裂缝的三维煤层气储层数值模型，拟合出了水力裂缝缝宽和缝长与埋深、体积非均质度、流量等多参量间的关系式。

本书的出版得到了贵州省科技厅项目灾害遥感防治贵州省院士创新人才团队工作站（黔科合平台 KXJZ［2024］006）的资助，在此表示感谢！

目 录

第 1 章 绪论 ········· 1
1.1 背景及研究意义 ········· 1
1.2 国内外研究现状 ········· 3
1.3 主要研究内容 ········· 10
1.4 研究技术路线 ········· 12

第 2 章 沁水煤田煤岩力学特性试验研究 ········· 13
2.1 煤岩试件的采集与制备 ········· 14
2.2 不同层理方向煤的单轴压缩试验 ········· 14
2.3 煤岩取芯方向巴西劈裂试验 ········· 25
2.4 煤岩抗剪切强度测试 ········· 32
2.5 小结 ········· 38

第 3 章 深部煤层气储层水力裂缝试验研究 ········· 40
3.1 试件制备与试验方法 ········· 42
3.2 试件的扫描与图像重构 ········· 44
3.3 试验结果 ········· 46
3.4 深部地应力对裂缝扩展的影响 ········· 57
3.5 小结 ········· 59

第 4 章 煤储层水力压裂裂缝起裂与扩展规律 ········· 60
4.1 数值模型的建立与参数设置 ········· 60
4.2 模拟结果 ········· 67
4.3 煤储层水力裂缝起裂与扩展规律 ········· 73
4.4 小结 ········· 86

第 5 章 含随机裂缝煤层气储层三维水力裂缝扩展模拟 …… 88
- 5.1 数值模型建立及参数设定 …… 89
- 5.2 数值计算结果 …… 91
- 5.3 多参量对裂缝扩展的影响 …… 100
- 5.4 小结 …… 104

第 6 章 顶板水平井分段压裂数值模拟 …… 105
- 6.1 水平井在深部煤层气储层改造技术中的优势 …… 106
- 6.2 深部煤层气储层分段压裂数值模拟 …… 111
- 6.3 垂向二维压裂数值模拟 …… 114
- 6.4 水平方向二维压裂数值模拟 …… 124
- 6.5 小结 …… 131

第 7 章 结论与展望 …… 133
- 7.1 主要结论 …… 133
- 7.2 主要创新点 …… 135
- 7.3 不足与展望 …… 135

参考文献 …… 137

第1章 绪 论

1.1 背景及研究意义

随着我国经济的快速发展,对能源的需求快速增长,传统的化石能源越来越难以满足能源需求,非常规能源越发得到重视。我国煤层气、页岩气等非常规化石能源储量极其丰富,利用空间巨大,这些优势使得非常规能源正在部分取代常规的煤、石油等能源[1-4]。"十四五"期间,为了实现碳达峰、碳中和的目标,废弃矿井的煤层气开发成为实现资源充分利用、减少气体排放的重要举措[5,6]。

近年来,除石油和天然气之外的能源的开发和开采取得了一系列重大进展。目前,非常规油气资源包括页岩油、页岩气、煤层气等。煤层气主要吸附在煤基质颗粒和孔隙的表面,部分煤层气解析游离于裂隙中或溶于水中,它是近年来发现的一种清洁、优质的能源和化工原料[7-10]。我国地层中的煤层气资源极其丰富,储量极为庞大,在已经勘探的 0~2000m 深度的地层中达到了 36.81 万亿 m^3[11]。制约我国煤层气开采的一个关键问题是储层的渗透率普遍很低。煤储层裂隙系统是瓦斯解析和流动的主要通道,控制着煤储层的渗透率特性[12,13]。通过水力压裂增透,水力裂缝使煤岩体中原有的天然裂隙达到一定程度的导通,从而实现煤层气的大幅度增产。因此,天然裂隙和水力裂缝间的耦合关系成为现阶段的一个研究热点[14-16]。

我国 25.9% 储量的煤层气埋深在 1000m 以下,74.1% 的煤层气埋深超过 1000m,深部煤层气储量丰富,但赋存环境复杂,地应力大,抽采难度大[17,18]。山西省是我国最重要的煤层气开发基地,山西省的沁水煤田是我国煤层气开发的主阵地,其储量为 10.39 万亿 m^3,而沁水盆地和河东盆地的储量占山西省煤层气储量的 90.75%。山西煤层气产量逐年增加,占全国产量的 80% 以上

(图1.1)。随着近些年煤炭开采深度增加,我国1 000m以内埋深煤层气资源逐渐减少,煤层气产能增加难度加大[19,20]。山西省煤层气开发已进入深部,这也意味着我国整体上煤层气的主要产能进入深部。山西省1 000m以内埋深煤层气仅占21.68%,1 000~2 000m埋深煤层气约占78.32%,煤层气资源主要分布在1 000~2 000m埋深。然而,由于地应力高、渗透率低的深层储层改造效果差,天然气采收率降低的问题越来越突出。

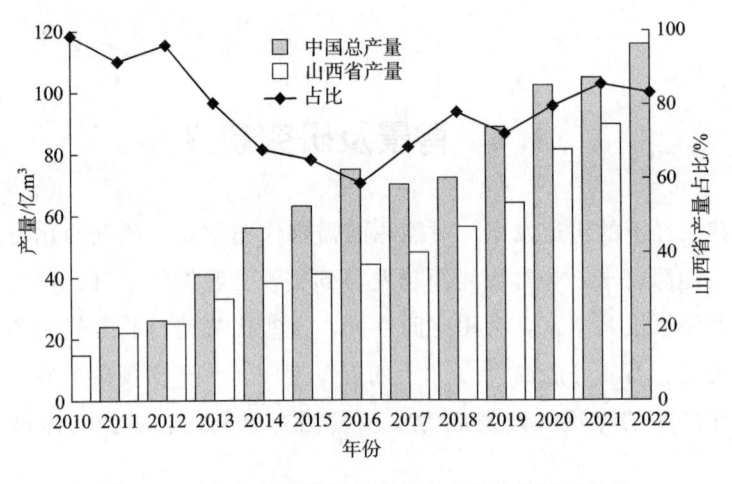

图1.1 近年来我国煤层气产量和山西省煤层气产量

我国煤层气渗透率较低,对于这种低渗透率、低孔隙度岩石中的非常规资源,传统的生产模式遇到了困难[21]。非常规油气资源通常埋藏较深,储层渗透率较低,水力压裂技术是开发低渗透油藏的核心技术之一。水力压裂注入的高黏度液体能够改善储层的渗流条件,从而实现油气井的生产,提高能源产量。对于油气生产效率而言,水力压裂的效果是关键,而评价水力压裂质量的主要依据是裂缝扩展情况。对于单一材料的均质模型,影响裂缝扩展的主要因素是模型的应力状况。与理想条件相比,大多数实际水力压裂条件包含不规则层理、颗粒和自然裂缝等自然因素,这些自然因素使得人们难以通过简单直观的方法判断水力压裂的效果。因此,基于实际水力压裂条件,研究水力压裂中影响裂缝扩展的因素具有重要意义。随着技术手段的逐步完善和成熟,水力压裂技术在防治岩爆、大型水库诱发地震、边坡失稳等工程问题上发挥了良好的预警作用[22-25]。

陈世达等[26]指出,山西沁南—郑庄区块煤层气开发区块以埋藏深度825m为临界深度,该区域深度大于825m的煤层气抽采存在低渗、高应力的挑战。而李辛子等[27,28]将煤层埋深大于1 000m视为深部,这已经成为煤层气工业界的共识。

本书以沁水煤田深部太原组15号煤层为研究对象,针对埋深大于1 000m煤储层面临的低渗透性、高地应力、高储层温度特性,开展理论分析、实验室水力压裂试验、数值模拟研究,并对比现场物理勘探资料,研究深部煤储层裂缝扩展规律。

1.2 国内外研究现状

1.2.1 水力压裂理论模型

(1) 单平面裂缝扩展机理研究

水力致裂理论是在现场施工需求的带动下发现起来的,KGD模型(Khristianovic-Geertsma-de Klerk model)[29,30]和PKN模型(Perkins-Kem-Nordgren model)[31]先后建立(图1.2)。KGD模型假设垂直于裂缝扩展方向的纵切面为一个矩形,而平行于裂缝扩展方向的平切面为椭圆形。PKN模型假设缝宽方向和水平方向的纵截面均为椭圆形。这两种模型对水力致裂理论的发展和水力致裂研究的指导作用影响深远,许多基于这两种模型的改进模型在压裂设计和验证中得到应用,但是发展到当下,这两种二维平面模型已较少应用于压裂设计中。

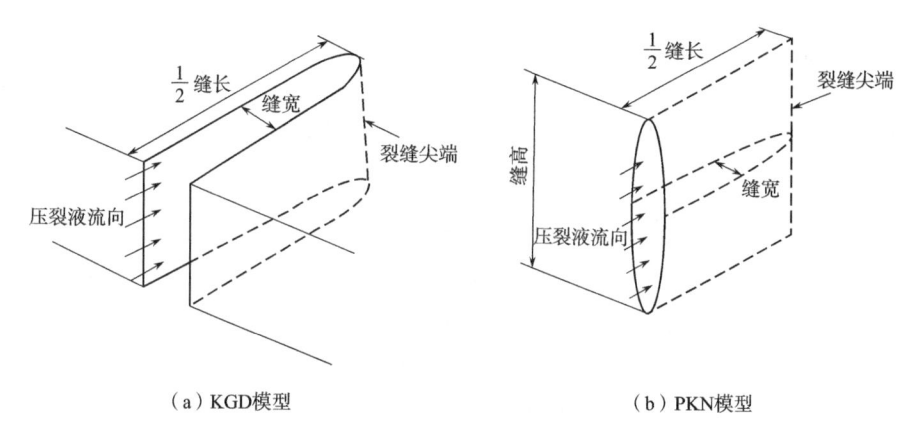

(a) KGD模型　　　　　　　　(b) PKN模型

图1.2 水力裂缝扩展分析的经典模型

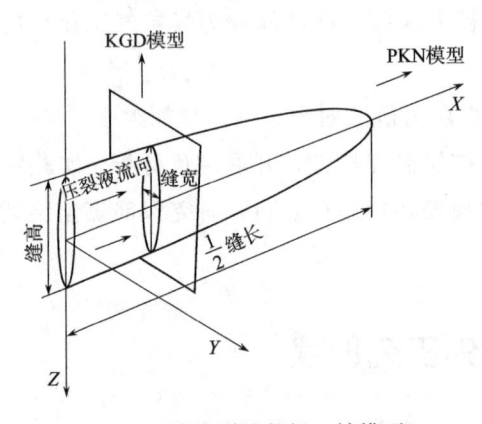

图 1.3　水力裂缝的拟三轴模型

随着工程设计对模型准确性的要求提高，20 世纪 80 年代发展了拟三轴模型（图 1.3）[31]。该模型可以快速解算并有效模拟裂缝的形态，包括三个方向的裂缝扩展尺寸。该模型本质上是将一个模型分成多个不同的经典 PKN 模型分别解算，其缺点是将材料看成均质的弹性岩石材料，且仅能解算模型裂缝长度，对裂缝的高度不能有效解算。

通过耦合流体的流动和岩体变形可以将上述拟三轴模型改进为真三轴模型。真三轴模型可以解算垂向流体流动的距离，这无疑又前进了一步。同时，真三轴模型没有假定的长度，更贴近现场实际。

（2）多裂缝扩展机理研究

目前非常规能源的开发中越来越重视水平井分支分段压裂技术，而裂缝与裂缝之间的相互干扰问题成为新的技术难题。无论是统一压裂段内多簇射孔导致的多簇压裂裂缝，还是单一裂缝遇到天然介质后分成多簇裂缝，都会遇到多簇裂缝存在的现象。

多裂缝扩展的模型非常复杂。其中，第一类模型由西里瓦达纳（Siriwardane）、埃尔贝（Elbel）等学者建立，他们忽略了缝与缝之间的应力联系，仅考虑流量的分配问题[32]；第二类模型考虑了水力裂缝之间的应力干扰问题，但是假定缝内的水流压力恒定[33]；第三类模型由沙玛（Sharma）等学者建立，同时考虑了裂缝之间的应力干扰和流量分配[34-38]，理论上更为合理。

（3）考虑天然裂缝的裂缝扩展机理研究

储层中含有大量层理和外生裂隙，或者储层中含有大的构造时，都会对水力裂缝造成影响[39-42]。水力裂缝和天然裂缝的相互作用可能存在多种结果，如水力裂缝开启天然裂缝，并沿着天然裂缝扩展，或者直接截断天然裂缝，或者从天然裂缝中穿越一定距离再截断等，相关研究甚多[43,44]。

国内学者进行了大量含天然裂缝试件的水力压裂试验研究[45,46]，发现天然裂缝和水力裂缝在较大的逼近角和较大的水平应力差下容易发生剪切破坏，而较小的逼近角和较小的应力差不会造成影响，并利用解析方法进行了原理解释[47]。

自然界的储层内天然裂缝往往大量分布，且深埋在地下数千米，很难精确获取天然裂缝的展布特性。为了准确描述储层中水力裂缝的展布特征，近年来国内外的专家学者通过多种软件模型研究了天然裂缝网络和水力裂缝网络之间的关系，其中较常见的有线网模型、离散裂缝网络（discrete fracture network，DFN）模型，部分模型已经嵌套在商业软件中供科研人员使用。

1.2.2 水力压裂裂缝现场监测技术

目前，煤层水力压裂的抗反射效应和距离检测技术及设备呈现出多种发展趋势，如局部、地面、微震监测系统及电磁辐射监测等，并应用于裂缝监测和检测。然而，水力压裂抗反射距离检测的基础和应用研究尚不系统，需要进一步研究。目前常用的裂缝监测技术有两种：微震监测技术和瞬变电磁技术。

1. 微震监测技术

目前地表煤层气井一般采用微震监测技术和大地电位法监测水力压裂影响区。表面电位法不适用于煤矿水力压裂监测。根据应用前景分析，结合煤矿应用环境，应采用微震监测技术和瞬态电磁技术监测矿井水和水力压裂裂缝。微震监测技术是从地震勘探行业发展起来的一门跨学科技术，具有远程、长期、动态、立体、实时监控的特点。

目前我国关于煤层气开发中裂缝扩展微震监测的文献较少，表明该领域微震监测技术应用仍然较少。蔡超等[48]开发了一套微震监测软件，并在实验室进行了试验，验证了监测效果的有效性，但该软件应用于工业现场的试验尚未发表。孟召平等[49]根据煤层气压裂裂缝监测资料分析得出，采用微震监测法得出的水力裂缝数据和采用大地电位法得出的数据有显著的差异，裂缝长度差异值甚至会达到两倍以上，说明微震监测的方法和大地电位法还存在较明显的差异。周东平等[50]采用微震监测技术监测了重庆兴隆煤矿的水力压裂裂缝。张天军等[51]采用微震监测法得到了高河矿水力裂缝的长、宽、高等裂缝信息。刘玮丰[52]采用理论分析、数值模拟、微震监测试验等多种方法分析了水力裂缝的扩展。秦鸿刚[53]在煤矿地面和井下协同监测水力裂缝范围的过程中也遇到了微震事件数量相对较少的情况，间接反映出微震监测手段仍然有很多需要改进之处。桂志先等[54]指出，近十年来，微震监测技术有了长足的发展，监测能力和监测成像效果有了进一步的提高。随着微震监测软硬件的进步和商业化，微震监测在工业现场应用越来越频繁。李君辉[55]对比分析水力裂缝现场监测的各种方法的局限性和优点后，优选微震监测法作为工业现场水力裂缝监测的方法，并在山西娄烦县的地下水力压裂裂缝监测试验中监测到了大量的微震事件，反演出了裂缝的轮廓，计算出了裂缝的长、宽、高等参数。

2. 瞬变电磁技术

我国从20世纪70年代初开始研究瞬变电磁技术，该技术近年来被广泛应用于煤矿井下异常水体的探测。目前，瞬变电磁法已成为探测与水有关的地质异常和评价含水量的首选方法。它具有以下优点：①可用于观察纯二次场，特别是对低电阻体敏感；②施工效率高，时效性强；③对现场适应性强，无损。

段建华等[56]将微震监测技术和瞬变电磁技术相结合，对井下煤层气储层水力压裂效果进行监测，发现微震事件较少而压裂液沿着煤储层中的天然裂隙转移，造成用瞬变电磁法探测到的裂缝范围扩大，说明用两种方法探测水力裂缝扩展范围可以有效避免一种方法的不足。李好[57]对比了重庆石壕煤矿在水力压裂前后的视电阻率和瞬变电磁法探测结果，验证了水力压裂前后瞬变电磁法探测的有效性。田坤云等[58]在新安煤矿井下采用瞬变电磁技术探测到了水力压裂增透范围，并与现场实际对比，发现与现场数据相吻合。王岳飞[59]利用瞬变电磁技术对煤层水力压裂流场进行了探测，得出煤层顶底板较为完整的情况下压裂裂缝只会限制在煤层中的结论，认为利用瞬变电磁技术可以探测煤岩体中的水力场。范涛等[60]开展了井下现场工业试验，对瞬变电磁波反演成像技术的适用性和可靠性进行了论证，证实了该技术可以有效应用于井下水力压裂效果的检验。张瑞林等[61]基于瞬变电磁技术探测到了煤岩中水力压裂过程中高压水的流动场，观测到了高压水在煤层中的走向、倾向及流动方向。

然而，瞬变电磁技术的缺点也很突出，即需要在井下布置大量测点，仅适用于井下施工的小范围内水力压裂或者岩体裂隙水的探测。瞬变电磁技术无法在地面布置测点探测深部水体的变化，因此无法应用于地面煤层气或者页岩气井的水力压裂裂缝监测。两种常规裂缝监测方法的对比见表1.1。

表 1.1 常规裂缝监测方法对比[62]

方法名称	检测节点	技术优势	技术缺点
微震法	压裂过程中	1) 主要微震事件的三维空间位置定位准确 2) 能实时监测	1) 对轻微破坏裂隙检测不足 2) 对检测仪器灵敏度要求较高 3) 无法探测有效压裂范围
瞬变电磁法	压裂前、压裂后	1) 测试方法简单 2) 对平面上压裂液分布的检测较可靠	1) 不能反映出压裂增透区域 2) 无法测定核心破坏区域分布特征 3) 易受井下天然含水层、构造影响 4) 测量范围较小，需要在测量区大量打孔布点，不适合做地面压裂监测

1.2.3 水力压裂数值模拟研究现状

计算机技术的普及应用尤其是数值分析技术的发展，以及多种数值模拟软件的应运而生对计算力学的发展产生了重要的推动作用，可视化的水力压裂裂纹扩展的数字模拟成为可能。

曾青冬等[63]建立了一种基于扩展有限元法的水力压裂模拟方法，并将模拟结果与试验结果和理论解析解进行对比，验证了该模拟方法的准确性和可行性。张玉等[64]基于流体与应力耦合理论，提出了一种基于有限体积法（FVM）的有孔围岩水力压裂耦合数值模拟方法。该方法实现了流体渗流与围岩应力耦合，能够准确求解水力耦合作用下穿孔围岩的压裂压力和压裂时间，准确描述流体压力与围岩渗透性的演化过程。王聪等[65]利用真实失效过程分析软件对水力压裂过程、页岩破裂压力进行了数值模拟，同时对矿区页岩破裂进行了对比实验，验证了数值模拟的有效性。朱宝存等[66]采用有限元法研究了晋城矿区煤层不同地应力边界条件下的破裂压力，发现天然裂缝对煤岩的破裂压力影响很大，在均质条件下，破裂压力与水平应力差的 3 倍成线性关系；而当模型中有天然裂缝存在时，煤岩的抗拉强度降低，使裂缝起裂和延伸脱离了井筒周围局部地应力的影响。张春华等[67]以某煤矿井下的煤层为研究对象建立了模型，并进行了数值模拟分析，结果显示高压水使储层产生的裂隙使得储层的渗透率显著增大，可使煤层渗透系数从 0.5mD 增加到 1580mD，并与现场试验结果相吻合。

李玉梅等[68]基于离散裂缝网络模型和应力与渗流耦合算法建立了含有天然裂缝的煤层气储层的数值分析模型，用于研究水力裂缝和天然裂缝的相互作用。

通过该模型探究了裂缝间距离大小和力学特征参数对裂缝网络传播和连通性的影响。裂缝自然开度越大，裂缝之间的距离越大，切割破坏面积越大。内摩擦角对天然裂缝网络的连接区有很大影响。小的内摩擦角容易形成复杂的裂缝网络。龚迪光等[69]采用有限元离散化方法进行了数值模拟，结果表明：裂缝起裂压力随射孔方位角的增大而增大，随着压裂液排量的增大而增大，随着水平主应力差的减小而增大；黏度对裂纹起裂压力影响不显著。周治东等[70]基于边界元法及流体力学的理论和模拟研究结果显示：压裂液黏度较小时裂缝可以快速转向到理论的扩展方向，黏度越大则转向半径越大；压裂液置换对井筒裂缝扩展的影响与黏度的影响相似。王涛等[71]的研究表明，水力裂缝与天然裂缝的相互作用能形成复杂的裂缝网络；在高地应力差和大接近角条件下，水力裂缝易于进入并穿透天然裂缝。

水力压裂的数值分析经历了从二维到三维的发展过程，国内外学者提出了多种数值模拟方法，如有限元法、离散元法、边界元法、位移不连续法（displacement discontinuity method，DDM）、扩展有限元法（extended finite element method，EXFM）等[72,73]。其中，有限元法的判断准则多是断裂力学准则，裂缝扩展大多沿着假定的路径，并且扩展的裂缝多为简单裂缝，很少考虑复杂裂缝网格的情况[74,75]；采用离散元法可以通过随机网格实现水力裂缝沿着任意路径扩展，但其计算精度不如有限元法高[76,77]；而扩展有限元法可以考虑任意路径的裂缝扩展，但需要隐式迭代，容易导致发散[78]。使用 DDM 模拟水力压裂，流体可以流过封闭的天然裂缝，但仍然没有考虑岩石本身的渗透性[79]。

天然岩体由多组节理弱面和块体组成，即材料中包含连续和非连续的单元体。在数值计算中利用有限元法对单元块体的连续介质进行计算，得到单元块体内部的力学状态，再结合对边界离散元解算的方法，称为连续-非连续单元法（continuum - based discrete element method，CDEM）。这种方法能较为合理地应用于多个领域的数值模拟计算，是我国计算方法的一个巨大进步。

1.2.4　水力压裂室内试验研究现状

近年来，常采用 CT 技术和声发射方法研究岩石裂缝扩展规律，并结合声发射事件反演研究岩石的力学破裂规律。

周健等[80]利用大型室内试验系统进行了试验，研究试件内部的天然裂隙对水力裂缝的影响。试验结果表明，在常规应力条件下，水平主应力差和接近角是影响水平裂纹走向的宏观因素。赵益忠等[81]采用室内试验系统研究了多种类型的岩石裂缝起裂和扩展路径问题,获得了水力裂缝的形态特征及压裂液的压力时程规律。玄武岩因为抗拉强度高而裂缝发育极少。裂纹的萌生导致压裂液强度明显下降,在均质体的模型中易形成较理想的双翼裂缝。泥灰岩抗拉强度低,部分天然裂缝发育,断裂压力低。断裂开始后的伸长压力等于最小水平主应力。陈勉等[82]也采用大型室内试验系统模拟天然地层条件下人造岩体和天然岩体中裂隙的扩展,并通过声发射等方法研究裂隙的延伸路径。

刘洪等[83]的研究认为：当裂缝内压力较大或水平应力差较小时,裂缝转弯缓慢,转弯半径较大；天然裂缝的产状主导了多条裂缝的形成；天然裂缝在伸展过程中的四种作用是交叉、吸收、先吸收再改变方向、形成多条裂缝等。张国强[84]采用室内试验设备模拟盐岩水力裂缝的产生和扩展过程,得出了盐层裂缝的起裂和延伸较为困难的结论,指出压裂液的排量对盐岩水力裂缝的产生和扩展具有明显的影响。孙可明等[85]发现页岩气储层水力压裂裂纹扩展受到地应力状态和层理面的共同控制,且层理方向是水力压裂裂纹扩展方向的主控因素。王跃[86]独立设计并研制了一种大型水力压裂装置,该装置可以对水力裂缝扩展的全过程进行监测。许天福等[87]建立了高温高压热干岩石大型室内压裂模拟系统,通过该系统可以模拟深部高温高压条件下水力压裂裂隙的扩展规律,为深部高温条件下的压裂研究提供技术支持。张春华等[88]为了比较深部煤层单段和多段水力压裂增透效果,基于某煤矿8号煤层赋生条件分别建立了单段和多段水力压裂增透模型,对煤层水力压裂效应区水场、应力场和裂缝特征进行模拟分析。单级压裂时,裂缝主要从井眼中部起裂,延伸至顶板和底板,有效压裂面积较小。多段压裂时,每段压裂均可生成相似的裂缝场,有效压裂面积较大。与单级水力压裂钻井相比,多级水力压裂可以有效提高钻井产气效果。周雷等[89]通过试验、模拟、理论分析和现场测量,研究了人工裂隙煤岩体的力学性质和应力场变化,得出了不同裂隙类型和参数下含人工裂隙煤岩的力学性质及破坏失稳规律。他认为,随着断裂长度、密度或断裂角增加,试件的弹性模量、强度和能量释放度逐渐减小。他提出了煤岩开裂应力传递理论,建立了煤岩应力开裂的弱结构体传递控制过程,提出了基于水力压裂的煤岩开裂控制参数确定方法,并将其应用于现场。

付海峰等[90]建立了室内条件下射孔和压裂的试验模拟方法,该方法可以实现大规模岩石样品的模拟,并建立了等比例射孔水力压裂裂缝起裂和扩展的全三维数值模型。射孔周围的裂缝起裂模式复杂。研究发现：射孔深度的增加可以有效降低起裂的难度，包括降低起裂压力和延伸压力。固定表面的射孔方法可以降低近井区裂隙起裂的复杂性，提高效率，降低裂缝延伸压力，有利于提高后期加砂压裂的稳定性。李全贵等[91]通过研究发现单位时间内脉动频率变化的脉冲波对样品数量有影响，流过脉冲的流量受波幅变化的影响，并提出了脉冲频率与流量联合控制的脉冲压裂技术。

1.2.5 煤的水力压裂研究现状

中国矿业大学蔡超等设计开发了一款可以用于煤矿井下煤岩体压裂微震监测的软件，并开展真三轴试验进行了验证，证明了软件的可靠性及先进性，但目前尚未见到该软件在工业现场应用的报道。王宁等[92]提出了一种采用表面活性剂与传统酸蚀技术相结合提升煤层水力压裂增透效果的技术，揭示了煤腐蚀机理的变化特征，且在煤矿现场开展了工业应用，取得了良好的增透效果。王雅丽等[93]采用超临界二氧化碳压裂改造煤岩渗透特性，利用该方法压裂形成的水力裂缝和衍生裂隙复杂程度较高。与用水作压裂液相比，该材料的起裂压力较低且渗透率增加较多。高慧等[94]采用连续-非连续单元法对比分析了采用水和二氧化碳压裂煤储层的效果。研究发现，采用超临界二氧化碳压裂的裂缝面发展完全，裂隙数量多，缝网复杂，且在相同条件下超临界二氧化碳的压裂裂缝开度和模型破裂度都远大于水的压裂裂缝开度。

姜玉龙[95]系统研究了含煤地层的水力裂缝扩展规律，发现水力裂缝易于在煤岩表面发生偏转现象，声发射事件多发生在煤岩体内部，超临界二氧化碳的压裂裂隙效果优于水等，并较为系统地研究了煤岩体界面裂缝的扩展规律。张迁等[96]的研究表明，在煤层气开发过程中，三维地应力关系控制着裂缝的延伸方向和长度，煤的构造类型决定了能否形成有效的裂隙，煤层顶部和底部砂岩、泥岩的层厚可以影响裂隙能否穿透顶底板，且应力差异系数越大，构造煤占比越大，煤层顶底板的厚度越大，则压裂效果越好，平均产气量越高。李畅等[97]研究发现采用超临界二氧化碳压裂比采用水压裂对裂缝改造范围更大，说明超临界二氧化碳压裂煤层效果更好。

1.3 主要研究内容

本书以沁水煤田15号煤层为研究对象，结合矿区工程地质资料，综合运用理论分析、室内试验和数值模拟相结合的方法研究地应力、天然裂缝、压裂液黏度、泵注排量等因素对深部煤储层水力裂缝扩展形态的影响，揭示深部煤储层水力裂缝扩展规律。本书的主要研究内容有五个方面。

（1）深部煤岩裂隙发育特征及物理力学性质研究

通过收集研究区域地质资料、整合已有的研究成果、现场取样，开展不同取芯方向的煤岩试件单轴抗压强度测试、抗拉强度测试、变角剪切等试验，研究煤储层基础力学特性和裂隙发育特征，为试验和数值模拟提供参考数据。

（2）深部应力状态下煤岩体水力压裂试验研究

通过广泛收集现场地应力测试结果，开展三向应力状态下水力压裂试验，研究不同应力、不同泵速条件下的水力压裂起裂压力及裂缝扩展特征。通过对比试件在压裂前后的 CT 图像，研究水力裂缝立体形态与原生裂隙产状的关系。通过以上参数，并综合泵压曲线，分析裂缝在煤岩中的起裂和扩展过程。

（3）深部煤储层水力压裂裂缝扩展机制

依据断裂力学的相关理论，结合经典的水力压裂裂缝扩展模型，并采用 CDEM 算法建立和优化实验室尺度的含层理和外生裂隙结构的数值模型，并参考上述试验结果，研究目标区域煤储层水力裂缝起裂—扩展—转向的内在力学机制和破坏模式。

（4）深部煤储层水力压裂裂缝扩展规律模拟研究

以连续-非连续数值模拟方法中的流体-固体耦合算法为基础，采用连续-非连续算法软件建立含有 DFN 随机裂隙的深部煤储层三维水力压裂数值分析模型。通过控制变量方法分别研究埋藏深度、弱面数量、注入流量、黏度等对煤储层中三维水力裂缝的扩展形态、缝长、最大缝宽等的影响，并拟合出埋深等多种参量与水力裂缝的缝长和最大缝宽的定量关系。

（5）深部煤储层顶板水平井射孔分段多簇水力压裂数值模拟研究

将三维的水力压裂模型分解为水平方向和竖直方向的两个二维模型分别进行研究。竖直方向的模型将煤岩体和顶底板联系起来共同研究，并在煤储层中加入层理和随机裂隙，分析在顶底板及煤岩中层理和随机裂隙的裂隙场都存在的情形下水力裂缝在竖直方向上的扩展状况；水平方向的数字模型研究含有随机裂隙的煤岩中水力裂缝的起裂和扩展规律，与三维模型的研究结果进行对比分析，并优化模型。

1.4　研究技术路线

本书以深部煤层气资源的开采为研究背景，分析煤岩体水力压裂裂缝的起裂和扩展机理，并建立数值模型，定量研究深部煤岩体弱结构面强度对水力缝扩展的影响；通过试验和数值模型分析水平应力差异系数对水力裂缝扩展的影响；基于试验研究水力裂缝的三维形态在煤储层中扩展的特征，基于试验结果定量分析煤岩中的基质和两种弱结构面中水力裂缝的起裂和扩展能量之间的差异；通过建立含随机裂缝的水力压裂模型分析各因素对水力裂缝扩展的影响规律；分析深部煤层气水平抽采井分段压裂技术，并验证该技术工艺在深部煤层气抽采工业中应用的合理性。本书的技术路线如图 1.4 所示。

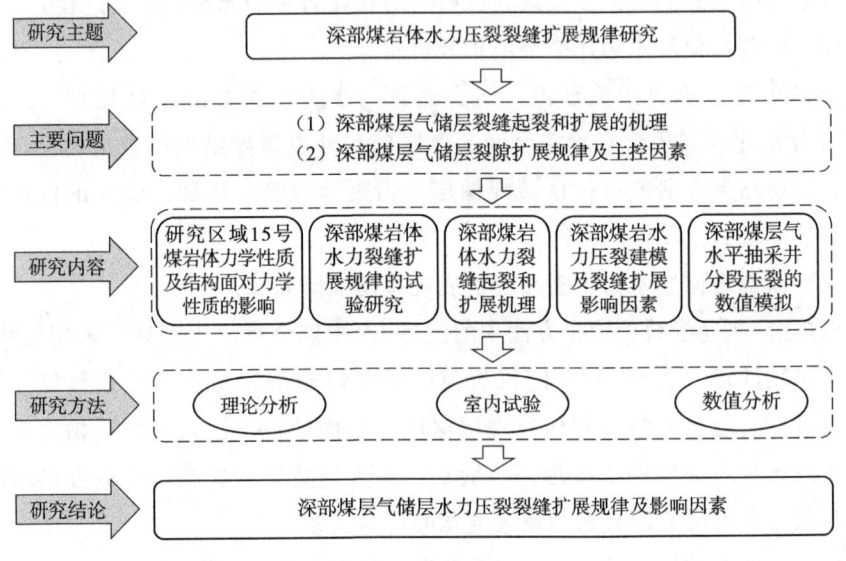

图 1.4　技术路线

第 2 章　沁水煤田煤岩力学特性试验研究

由于煤岩中存在大量的裂隙和层理等弱结构面，决定了煤岩的力学性质具有各向异性、非均质性。煤岩力学参数各向异性的研究尤其是力学性质各向异性的研究对于揭示水力裂缝起裂与扩展过程中的力学原理具有关键作用。不同地区的煤储层受到成藏环境的影响，煤储层中的矿物成分、裂隙节理等皆不相同，因此力学性质差异极大。煤储层还会受到后期构造运动的影响。煤储层可能为原生结构煤，也可能受到地质作用的揉搓挤压变成构造煤，此时煤储层原始的力学性质也会发生改变。因此，不同煤岩的力学性质差异很大，同一矿井的同一煤层在不同地点取样的煤岩力学性质亦有差异。

层理在煤岩体中极为发育，对煤岩力学性质的影响极大；裂隙结构在煤岩中也极为发育。不同于层理发育的稳定性，煤岩体中外生裂隙的发育具有一定的不确定性，对于煤岩的力学性质具有较大影响（图 2.1）。外生裂隙是构造应力作用的产物，煤岩体中的外生裂隙是地质作用对原生结构的煤岩造成一定的张拉或者剪切破坏后的缝隙。

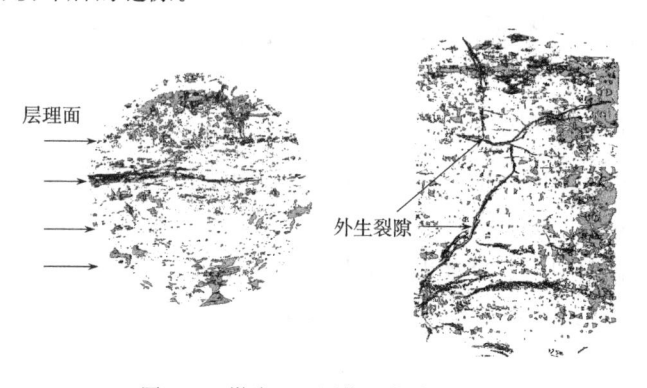

图 2.1　煤岩 CT 图像重构中的层理

可以通过试验分析不同取样方向煤岩的力学性质差异，以更好地了解煤岩体力学性质各向异性的原因，尤其是发育的层理和随机裂隙对煤岩体各向异性的力学性质的影响。了解煤岩体的层理效应和外生裂隙的力学效应对于预测水力裂缝的扩展具有重要意义。

本章对山西省寺家庄煤矿15号煤层煤岩进行取样，并加工为标准力学试验试件，开展了以下基础力学试验：单轴压缩试验、巴西劈裂试验、变角剪切试验等。通过这些室内试验，测试了同一区域同一煤层的煤岩在平行于层理方向、平行于外生裂隙方向、垂直于上述两方向上的力学参数各向异性的力学性质，包括各向异性的抗拉强度、抗压强度、黏聚力、内摩擦角等，为后续的试验和数值模拟研究提供基础数据支持；依据上述试验结果分析目标煤岩力学性质及破坏模式的各向异性，研究煤岩试件受到压缩和剪切等力的加载作用时的断裂力学响应。

2.1　煤岩试件的采集与制备

寺家庄煤矿位于沁水煤田东北部昔阳县，是一处现代化的高瓦斯矿井，主要开采15号煤。15号煤层在寺家庄煤矿平均厚度为4.8m，煤层瓦斯含量高，瓦斯含量大于$16m^3/t$，且瓦斯含量随着埋深的增大而增加，在开采期间时有瓦斯超限现象发生，矿井地面采用煤层气井抽采瓦斯。煤岩取样点与试件制备如图2.2所示。在15号煤层采集的原煤岩中含有大量的层理和节理裂隙，煤岩具有一定的力学强度。将煤样仔细包裹后装箱运输到加工厂加工成标准试件，如图2.2(c～e)所示。

2.2　不同层理方向煤的单轴压缩试验

本章采用微电液伺服岩石压力试验机（micro‐electro‐hydraulic servo rock pressure testing machine，MTS）系统对不同层理和外生裂隙方向的煤岩试件进行了试验。MTS轴向加载力的量程为0～300kN，位移加载速率为0.005～500mm/min，试验机显示器能够实时监测和显示试件从加载到破坏的荷载变化过程。试验过程中采用位移控制，单轴压缩试验过程中预先在试件侧面粘贴应变片，并加载多通道声发射系统，对压裂过程中的声发射事件进行定位和能量监测。从煤岩中选取编号为1-1～1-5、2-1～2-5、3-1～3-5的圆柱体样品，如图 2.2(c) 所示。图 2.3 所示为试件取样方向示意图，试件取样方向为钻机钻取方向。如图 2.2(c) 所示，第 1 组共 5 个试件（试件 1-1～1-5）的取样方向平行于层理面；第 2 组共 5 个试件的钻芯取样方向平行于层理面且与层理面有一定的夹角，夹角大小没有统一设定，试件加工过程中内部层理与取样方向呈随机的夹角；第 3 组共 5 个试件的钻芯取样方向垂直于层理面。通过上述三个不同的取样方向得到的煤岩试件可以用于研究层理的弱结构面性质对煤岩单轴抗压强度的影响。

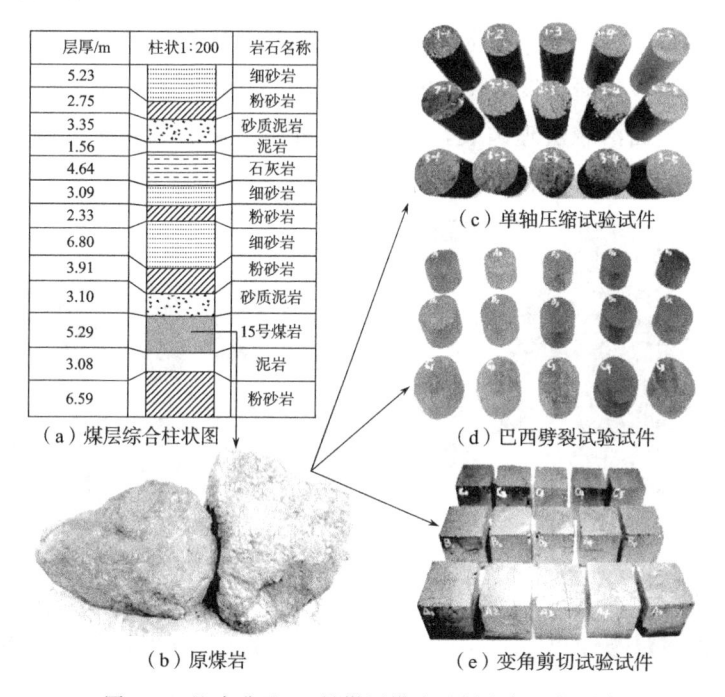

图 2.2 沁水盆地 15 号煤层煤岩取样点与试件制备

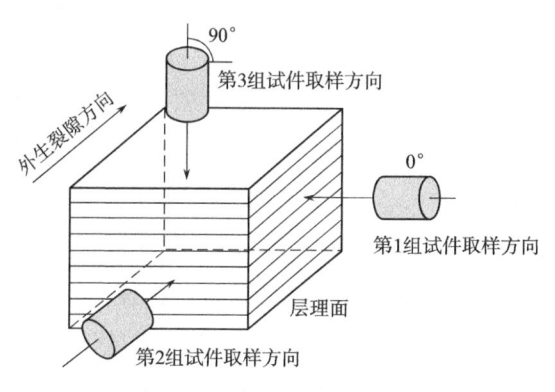

图 2.3 试件取样方向示意图

单轴压缩试验试件声发射传感器及应变片布置如图 2.4 所示，三组煤岩试件的单轴压缩破坏情况如图 2.5 所示。从图 2.5 中可以看出煤岩体层理和外生裂隙对裂隙的扩展有明显的影响，具体表现在：第 1 组试件破裂面大致沿着层理面方向劈开而破裂（试件 1-1、1-4、1-5），但是煤岩中的外生裂隙会影响裂隙的扩展方向（试件 1-4、1-5）；第 2 组试件存在 Y 形破裂面，裂隙面沿着层理或者外生裂隙扩展，由于加载方向垂直于层理面方向，裂隙的扩展受到层理的明显影响（试件 2-1、2-3、2-4）；第 3 组试件裂隙扩展有沿着层理面劈开的现象（如试件 3-2 和 3-5），也存在在裂隙岩块劈裂的过程中部分裂隙导通节理面然后顺着节理面破裂的现象（如试件 3-1 和 3-3）。总之，在裂隙扩展的过程中，破裂面沿着层理破裂，或者沿着外生裂隙破裂，这些弱结构面对煤岩的破裂面产生了较为明显的影响。

图 2.4　声发射传感器及应变片布置　　图 2.5　三组不同取样方向煤岩的单轴压缩破坏情况

上述现象有学者称之为层理效应[98]，层理效应对裂隙扩展影响明显，但也不可忽略节理裂隙面对裂隙扩展的影响，这两种弱结构的弱面效应是煤岩体中裂隙扩展的重要影响因素。

煤岩单轴压缩条件下的试验数据见表 2.1。由表 2.1 可知，同一区域采集的同一煤层的煤岩样在不同取样角度下试件的抗压强度是不同的，加载方向垂直于层理面的第 3 组试件的平均抗压强度较大。第 1 组试件由于层理面与加载方向平行，破坏时沿着层理面劈开（如试件 1-1），且第 1 组试件整体测试值较小。第

2组试件加载方向与层理面有一定夹角，由于外生裂隙发育，测试值同样较小。第3组试件加载方向与层理面垂直，虽然受到外生裂隙发育的影响，但测试值的平均值相对较大，表明在压缩作用下层理面对压缩破坏的形态和试件抗压强度有影响，具体表现在层理面垂直于压缩方向时测试得到的试件抗压强度较高。

表2.1 煤岩单轴压缩条件下的试验数据

试件编号	直径/mm	高度/mm	密度/(g/cm³)	加载速率/(mm/min)	抗压强度/MPa	抗压强度均值/MPa	弹性模量/GPa	弹性模量均值/GPa
1-1	49.46	100.21	1.34	0.1	9.52		1.73	
1-2	49.61	100.25	1.34	0.1	11.38		1.78	
1-3	49.57	100.46	1.43	0.1	7.43	10.35	1.30	1.78
1-4	49.66	100.28	1.38	0.1	11.48		1.90	
1-5	49.59	100.33	1.44	0.1	11.96		2.18	
2-1	49.54	100.77	1.40	0.1	10.86		2.23	
2-2	49.62	100.02	1.37	0.1	10.26		2.14	
2-3	49.63	100.26	1.37	0.1	9.30	10.64	2.01	2.23
2-4	49.56	100.32	1.36	0.1	10.35		2.58	
2-5	49.57	100.11	1.39	0.1	12.43		2.19	
3-1	49.71	99.84	1.37	0.1	8.13		1.49	
3-2	49.66	100.19	1.38	0.1	13.25		1.43	
3-3	49.48	100.22	1.39	0.1	9.44	11.48	1.39	1.87
3-4	49.62	100.26	1.38	0.1	12.63		2.45	
3-5	49.55	100.18	1.39	0.1	13.96		2.59	

由于不同加载方向试件的应变效应不同，对应的弹性模量的值也不尽相同，如第2组试件的平均弹性模量值大于第1组和第3组，这也是层理和外生裂隙效应在弹性模量上的反映。测试表明，煤岩试件在发生较强烈的破坏过程中会产生弹性波并向周围释放能量。

图2.6～图2.8所示为本次单轴压缩试验三组加载速率相同的煤岩试件应力、撞击次数及绝对能量随时间演化的特征，分析可知，不同加载速率下岩样的累积撞击及累积能量演化规律基本一致。在加载过程中，裂隙压密阶段对应加载初期，这一阶段岩样内部裂隙及一些原生孔隙逐渐被压实闭合，声发射发生量较少，撞击程度较小，能量缓慢上升；岩样内部裂纹萌生阶段，声发射发

生量比压密阶段稍多，撞击程度较高于压密阶段，能量上升较为缓慢；岩样内部裂纹扩展阶段，岩样内部裂纹产生、发育较快，声发射发生量较多并且累积能量上升速度较快，撞击次数增多。不同加载速率下岩样的最大撞击数量存在一定差异，岩样最大撞击数量与加载速率成负相关关系，岩样最大累积能量与加载速率成负相关关系。通过图像可以看出，撞击次数（振铃计数）随着荷载的增大慢慢增多，在峰值附近时刻出现最大的释放量，由此可知能量的释放也在此刻最为剧烈。对应于绝对能量释放值，可以发现绝对能量释放最大值点为针刺状的瞬间释放，对应于荷载曲线的急剧下降和撞击的急剧增加。

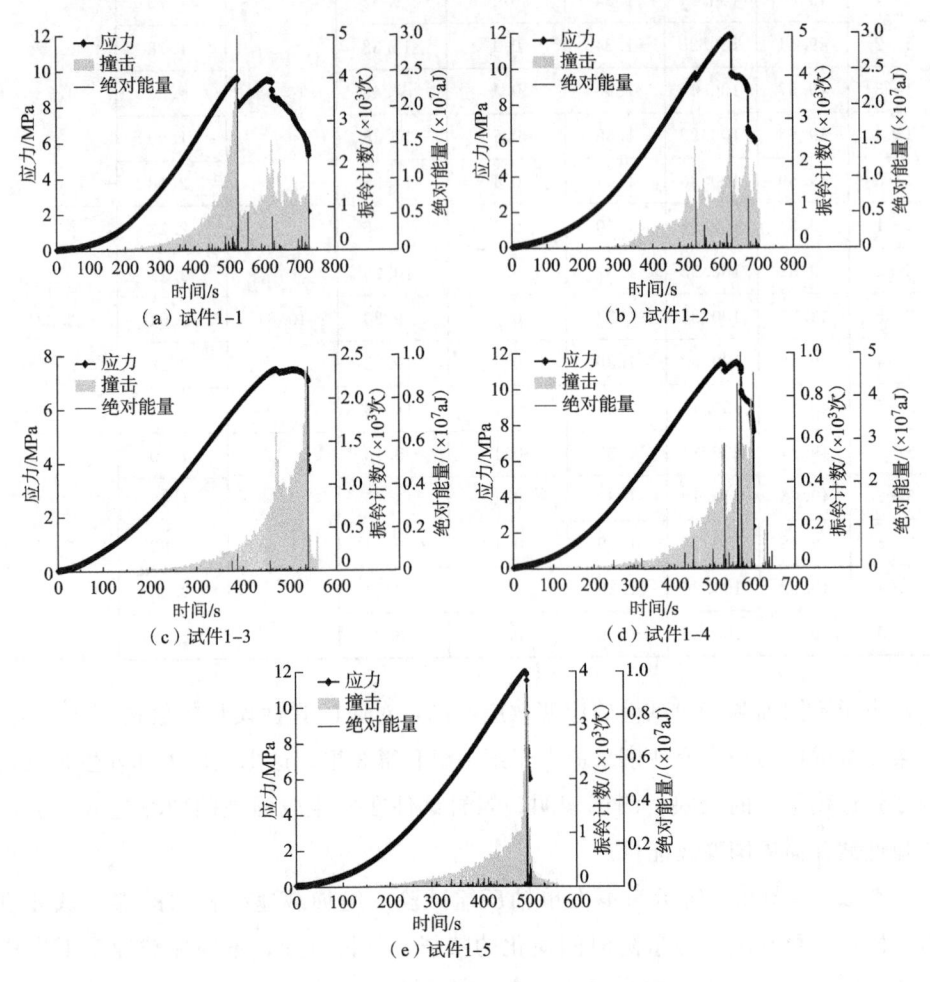

图 2.6　第 1 组煤岩试件抗压强度与绝对能量、撞击的演化关系

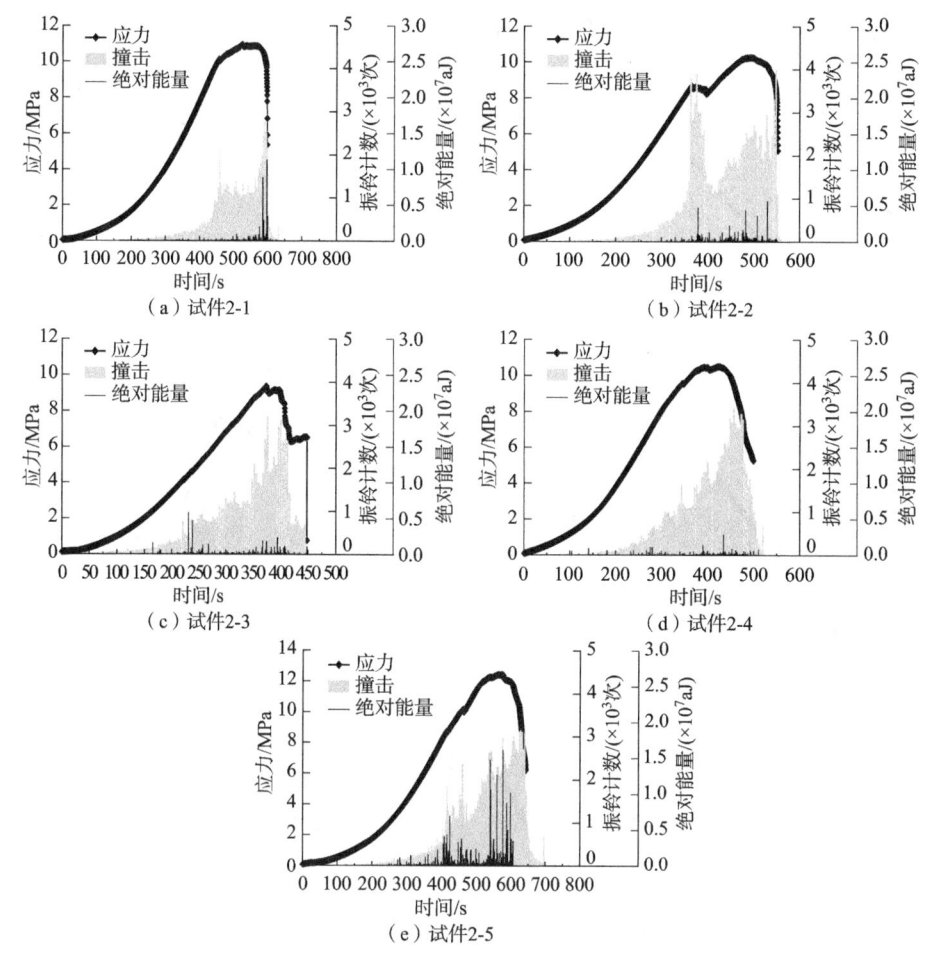

图 2.7　第 2 组煤岩试件抗压强度与绝对能量、
撞击的演化关系

在轴向加压的初始阶段，试件内部的微裂隙和微孔隙等受到外力的作用慢慢压缩闭合，此时声发射的绝对能量和振铃计数都非常低；随着加载增大，试件内部的裂纹开始慢慢萌生，声发射事件仍然较少，绝对能量处于较低的量值，但是在慢慢增大；随着加载进一步增大，试件内部的裂隙开始稳步增加，内部的微裂隙加快产生，直至进入非稳定扩展阶段，此时轴向荷载的增大会使裂纹大范围整体扩展连通，声发射事件在单位时间内大幅度增加，绝对能量快速增大。

达到峰值荷载的瞬间，试件内部的微裂纹大范围导通，引起加载的失稳，试件从导通的破裂面劈裂开，试件内部的相对滑移使得试件失去对轴向荷载的抵抗力，应力突降，绝对能量瞬间急剧上升，声发射事件达到峰值。

图 2.8 第 3 组煤岩试件抗压强度与绝对能量、撞击的演化关系

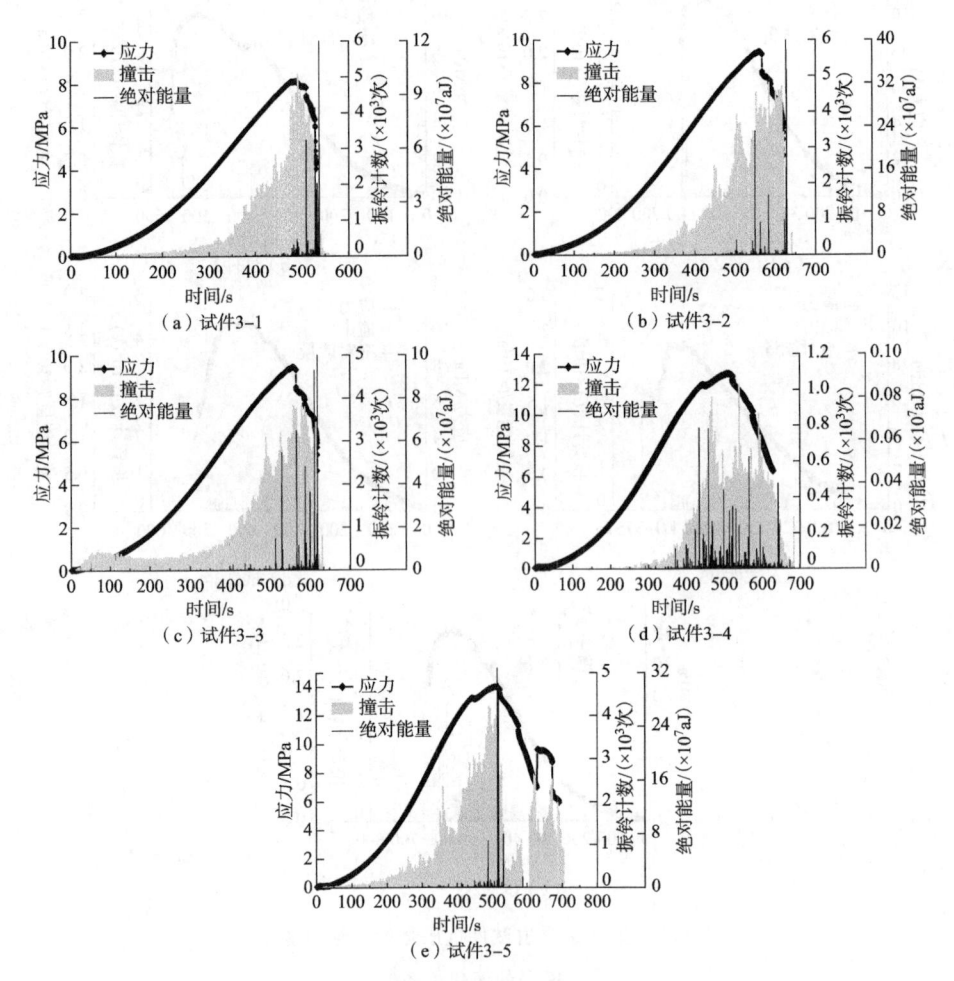

观察荷载曲线，可以发现第 1 组试件的荷载曲线上升段光滑，达到破裂峰值后能量突然大幅度释放，峰后区间非常小，弹性特征明显，尤其以试件 1-5 最为明显；第 2 组试件的荷载曲线特征和第 1 组明显不同，达到峰值后缓慢下降，破裂具有延迟性，峰后段较长，以试件 2-2、2-4、2-5 的特征最为明显；第 3 组试件的荷载曲线特征和第 2 组略有相似，达到峰值后缓慢下降，破裂具有延迟性，峰后段较长，以试件 3-4、3-5 的特征最为明显。分析可知，第 3 组试件是垂直于层理面加载的，层理面在加载和压缩后不会发生较为明显的层间

滑动现象，而影响裂隙扩展的重要因素为节理裂隙。第1组试件加载方向是平行于层理方向，这会造成层理的张拉撕裂，而竖直方向上加载的力与层理平行，这会造成试件的弹性破裂现象。第2组试件产生层间滑移现象，会造成峰值荷载过后仍然产生一定的抵抗力，导致峰后阶段延长。

图2.9所示为单轴压缩试验试件的声发射事件在多个阶段的空间演化，每一个小球代表一个声发射事件，小球的大小代表声发射事件能量的大小，即源幅值的大小，小球所在的空间为圆柱试件的空间，上下圆片为圆柱空间的上下底面。图2.10～图2.12所示为三组共15个试件的声发射事件反演结果和源幅值的大小。

(a) 裂隙压密阶段

(b) 裂纹萌生阶段

(c) 裂纹稳定扩展阶段

(d) 裂纹非稳定扩展阶段

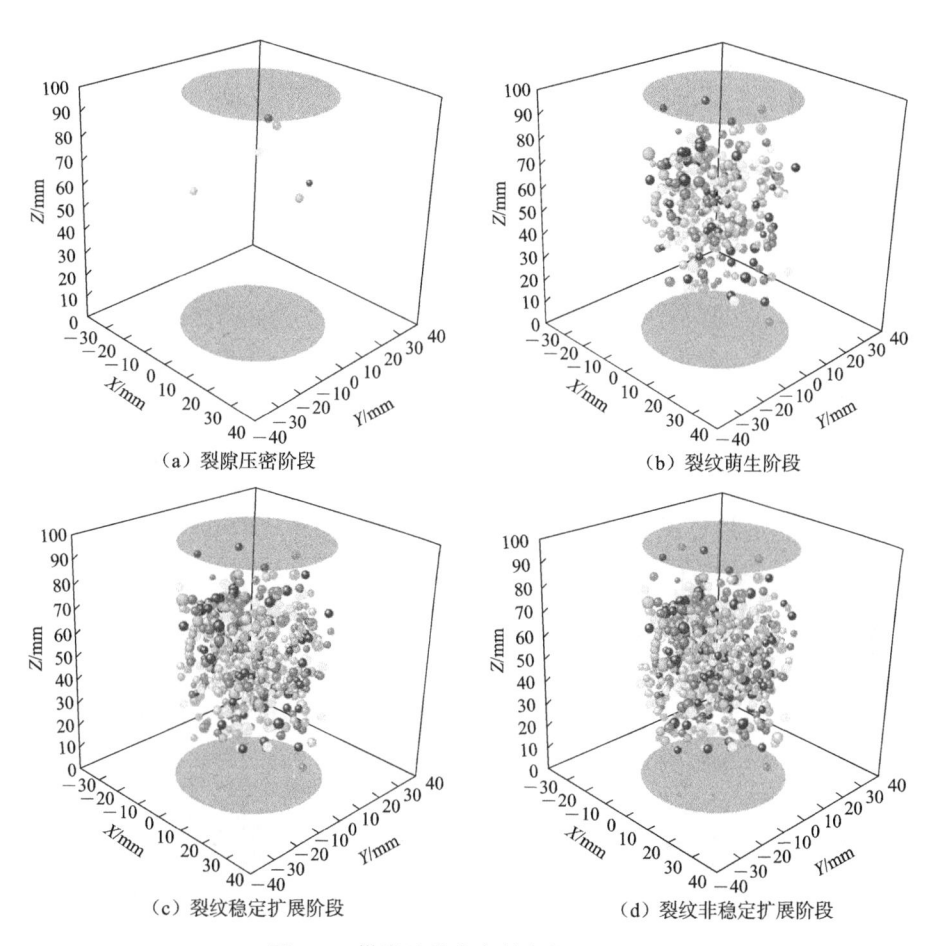

图2.9 煤岩试件声发射事件空间演化

(e) 峰后破坏阶段

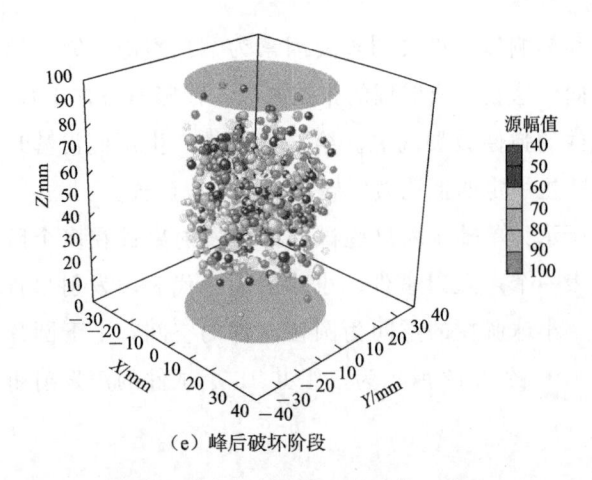

图 2.9　煤岩试件声发射事件空间演化（续）

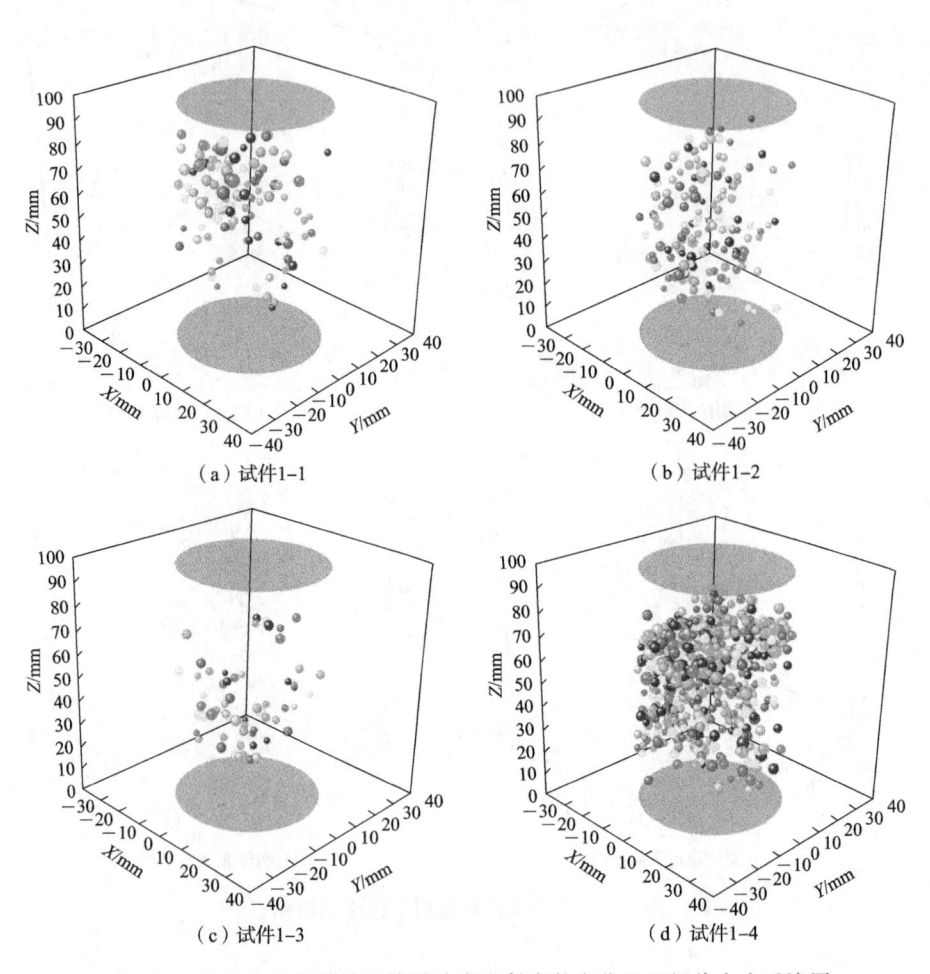

(a) 试件1-1

(b) 试件1-2

(c) 试件1-3

(d) 试件1-4

图 2.10　第 1 组试件单轴压缩试验声发射事件定位及源幅值大小反演图

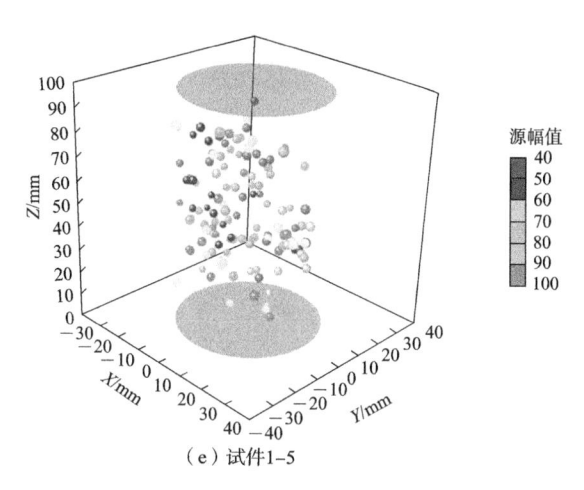

第 2 章 沁水煤田煤岩力学特性试验研究

（e）试件1-5

图 2.10 第 1 组试件单轴压缩试验声发射事件定位及源幅值大小反演图（续）

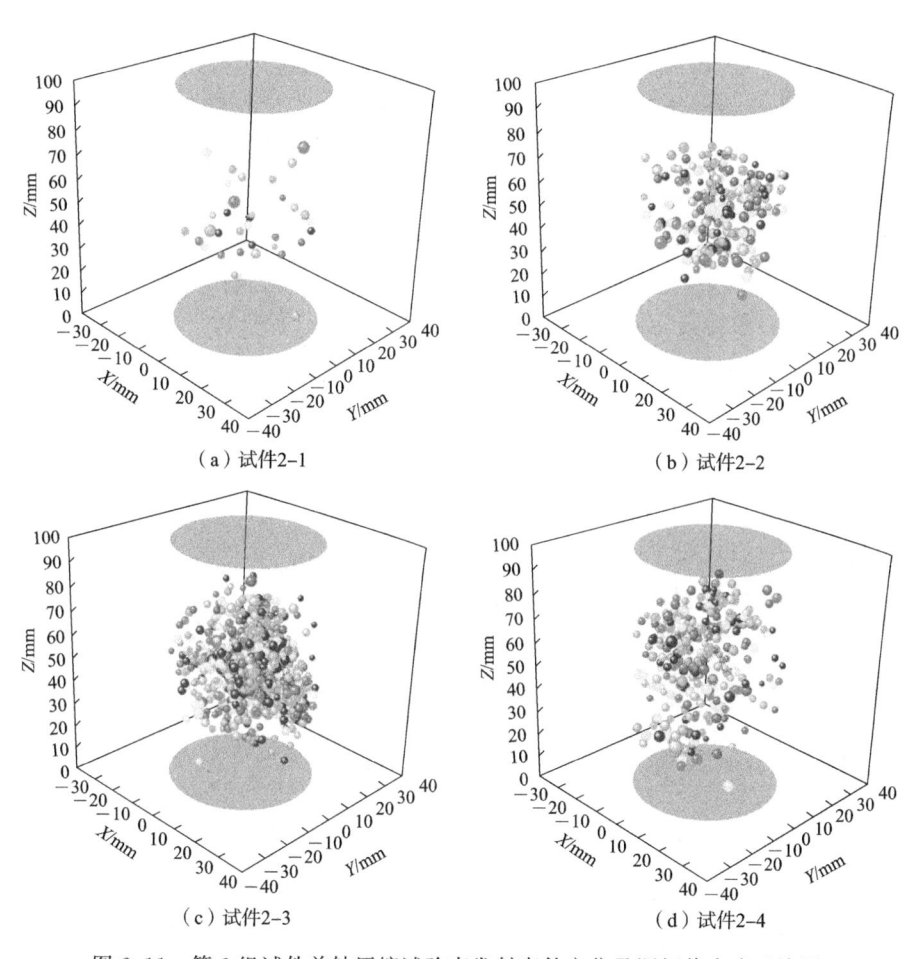

（a）试件2-1

（b）试件2-2

（c）试件2-3

（d）试件2-4

图 2.11 第 2 组试件单轴压缩试验声发射事件定位及源幅值大小反演图

（e）试件2-5

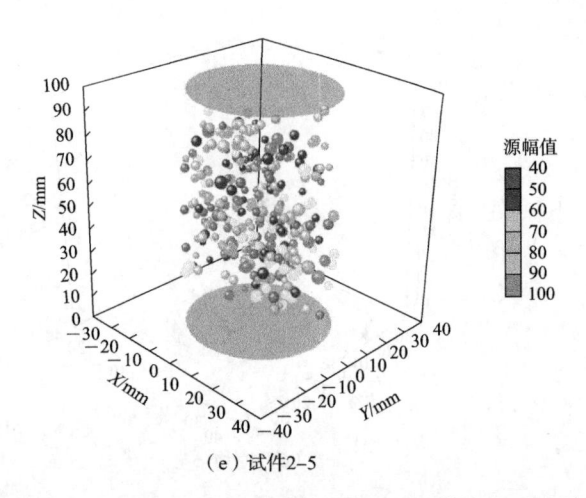

图2.11　第2组试件单轴压缩试验声发射事件定位及源幅值大小反演图（续）

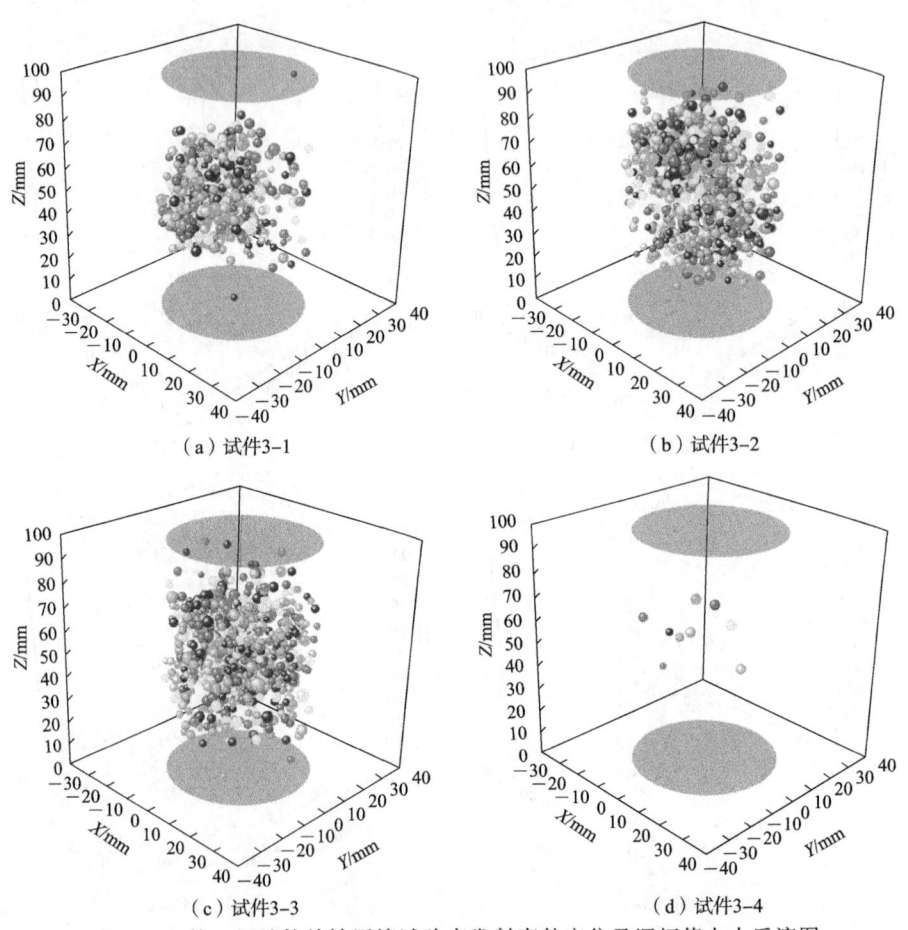

（a）试件3-1　　　　　　　　　　　　（b）试件3-2

（c）试件3-3　　　　　　　　　　　　（d）试件3-4

图2.12　第3组试件单轴压缩试验声发射事件定位及源幅值大小反演图

(e）试件3-5

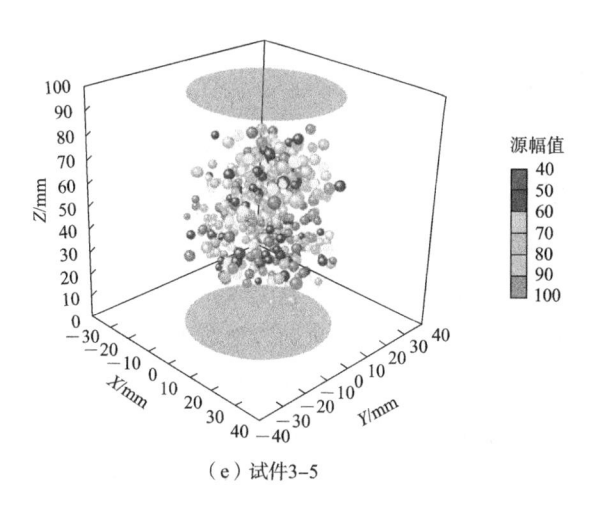

图 2.12　第 3 组试件单轴压缩试验声发射事件定位及源幅值大小反演图（续）

2.3　煤岩取芯方向巴西劈裂试验

煤岩裂隙发育，常采用巴西劈裂试验测试煤岩体的抗拉强度，且巴西劈裂试验是经过长期实践检验的接近直接拉伸测试的方法。

图 2.13 所示为本次巴西劈裂试验试件及其取样方向，试件设计直径和高度分别为 50mm 和 25mm。根据裂隙和层理发育的特点筛选出三组共 15 个试件进行测试，保证加载时力的方向与裂隙和层理有一定的角度关系，以测试层理或者裂隙的发育状况对煤岩试件劈裂效果的影响。

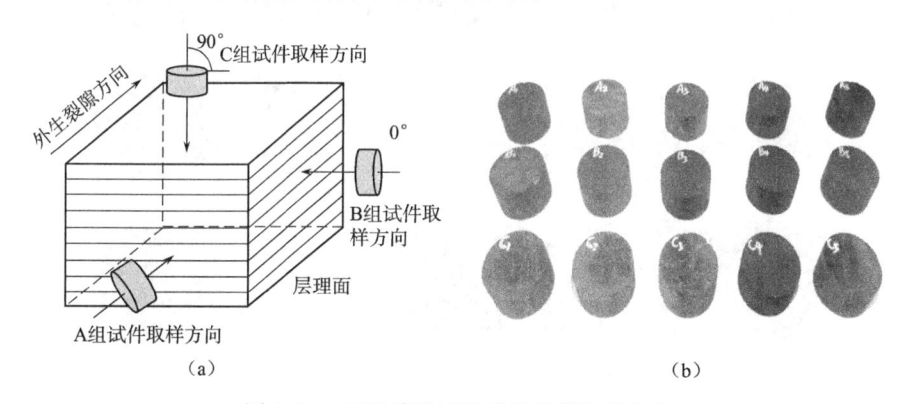

图 2.13　巴西劈裂试验试件及其取样方向

试验夹具如图 2.14 所示，两侧的旋钮为在试件未被上下劈裂夹具固定时的临时限位工具，当上下夹具将试件夹紧后，左右侧限位旋钮要拧开，以防止影响测试数据。测试时记录施加的轴向荷载 P，然后依据公式解算煤岩体的抗拉强度。

试验后的试件如图 2.15 所示，绝大多数试件的破裂面沿着试件的中间部位，极少数试件会出现破裂面偏离加载方向的中轴面。

试件物理力学参数和试验结果见表 2.2。由于试件加载的方向不同，三组试件测试的平均值各不相同，其中 A 组试件平行于外生裂隙的测试值最小，当平行于外生裂隙面加载，劈裂的力达到外生裂隙的粘结力时，裂隙发生破裂。因此，A 组试件巴西劈裂的抗拉强度应该受到了外生裂隙的影响，故测试值较小。B 组试件测试时加载方向垂直于外生裂隙，此时劈裂的力将试件破开需要克服基质的黏聚力，试件抗拉强度平均值比另外两组试件都高，达到了 2.08MPa，表明垂直于外生裂隙的煤岩粘结强度较大。C 组试件测试时加载方向平行于层理面，此时劈裂的力将试件破开需要克服层理的黏聚力，试件抗拉强度平均值为 1.90MPa，处于 A 组和 B 组试件之间。

图 2.14 巴西劈裂试验夹具

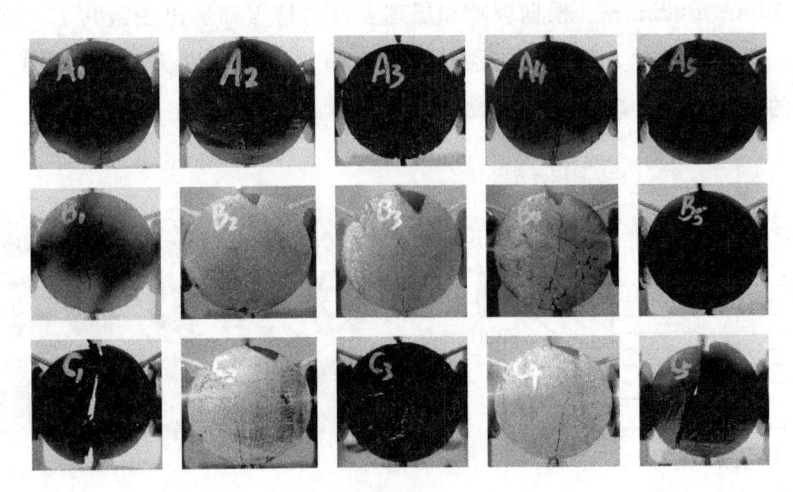

图 2.15 巴西劈裂试验后的试件

表2.2　巴西劈裂试验试件物理力学参数和测试结果

试件编号	直径/mm	高度/mm	密度/(g/cm³)	加载方向	抗拉强度/MPa	抗拉强度均值/MPa
A1	49.27	25.24	1.36	平行于外生裂隙面	2.09	
A2	49.33	25.13	1.40	平行于外生裂隙面	1.42	
A3	49.35	24.98	1.41	平行于外生裂隙面	1.59	1.73
A4	49.30	24.86	1.44	平行于外生裂隙面	1.65	
A5	49.26	24.68	1.38	平行于外生裂隙面	1.87	
B1	49.27	24.96	1.42	垂直于外生裂隙面	2.31	
B2	49.19	24.97	1.43	垂直于外生裂隙面	2.13	
B3	49.32	25.34	1.35	垂直于外生裂隙面	2.02	2.08
B4	49.22	25.36	1.44	垂直于外生裂隙面	2.18	
B5	49.36	25.12	1.37	垂直于外生裂隙面	1.79	
C1	49.27	25.08	1.39	平行于层理面	2.13	
C2	49.20	25.17	1.38	平行于层理面	1.80	
C3	49.23	25.98	1.36	平行于层理面	2.02	1.90
C4	49.21	25.64	1.35	平行于层理面	1.90	1.90
C5	49.18	25.67	1.37	平行于层理面	1.68	

由表2.2可知，加载方向垂直于外生裂隙面时煤岩试件抗拉强度最大，说明煤岩基质在该方向上的抗拉强度最大，层理面和外生裂隙面等是抗拉强度降低的区域，这反映了煤岩体结构中的弱结构面效应。垂直于层理面的抗拉强度和垂直于外生裂隙面的抗拉强度都低于垂直于煤岩基质的抗拉强度，且垂直于层理面的抗拉强度比垂直于外生裂隙面的抗拉强度略高。

图2.16～图2.18所示为本次巴西劈裂试验3组试件在相同的加载速率下岩样应力、撞击次数及绝对能量随时间演化的特征，分析可知，不同加载速率下岩样的累积撞击次数及累积能量演化规律基本一致。在外部荷载加载过程中，裂隙压密阶段对应加载初期，这一阶段岩样内部裂隙及一些原生孔隙逐渐被压实闭合，声发射产生量较少，撞击程度较小，能量缓慢上升；岩样内部裂纹萌生阶段，声发射产生量比压密阶段稍多，撞击程度略高于压密阶段，能量上升较为缓慢；岩样内部裂纹扩展阶段，岩样内部裂纹产生、发育较快，声发射产

生量较多且累积能量上升速度较快，撞击数增大。不同加载速率下岩样的最大撞击次数存在一定差异，岩样最大撞击次数与加载速率负相关，岩样最大累积能量与加载速率负相关。

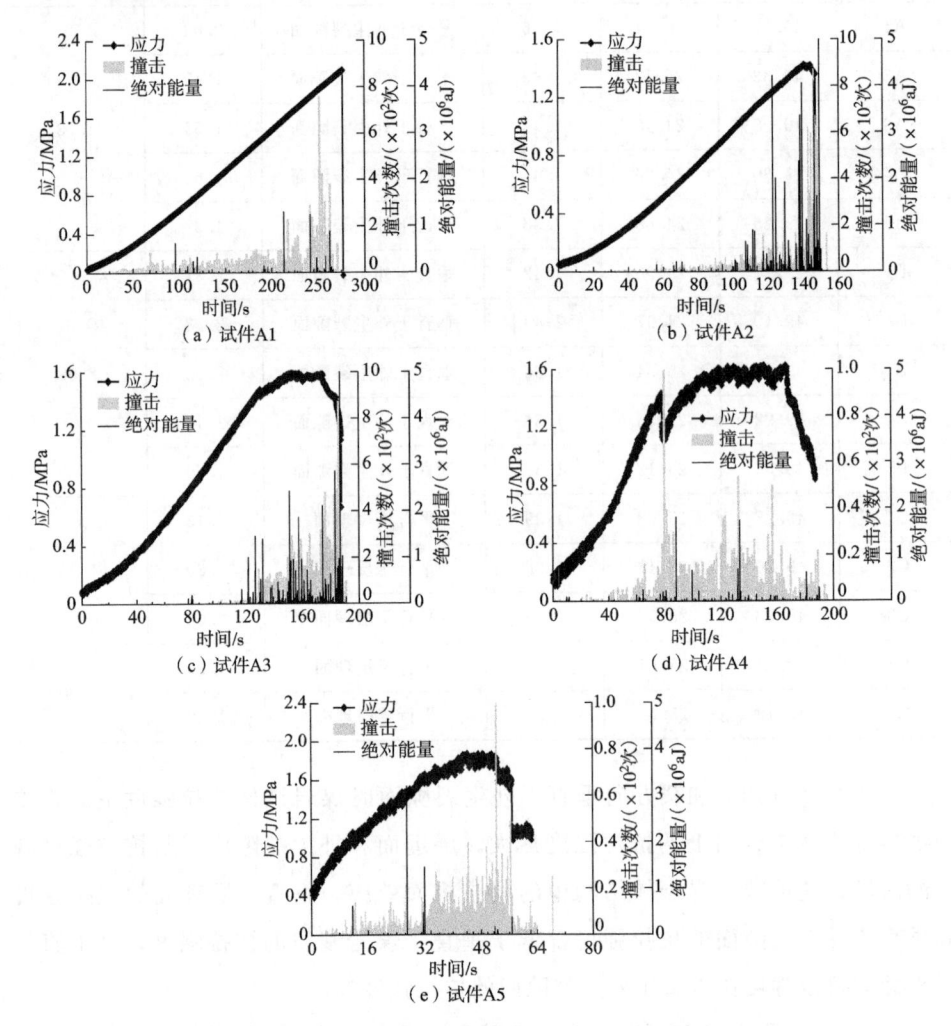

图 2.16 A 组试件巴西劈裂试验的应力、撞击次数、绝对能量随时间演化的特征

与单轴压缩试验相似，在巴西劈裂试验中轴向加压的初始阶段，试件内部的微裂隙和微孔隙等受到外力的作用而慢慢压缩闭合，此时声发射的绝对能量和振铃计数都非常低；随着加载增大，试件内部的裂纹开始慢慢萌生，声发射事件仍然较少，绝对能量处于较低的值，但是该值慢慢增大；随着轴向荷载进

一步增大，试件内部的裂隙开始稳步增加，内部微裂隙产生加快，声发射事件产生较多，绝对能量上升较快，声发射的撞击数量增长较快；进入裂隙非稳定扩展阶段，由于试件内部已经有大量微裂隙，轴向荷载的增大会使裂纹大范围整体扩展连通，声发射事件在单位时间内大幅度增加，绝对能量快速增大，这意味着即将达到极限荷载，试件将发生整体破坏；发生整体破坏时声发射事件急剧增加，绝对能量急速剧增。

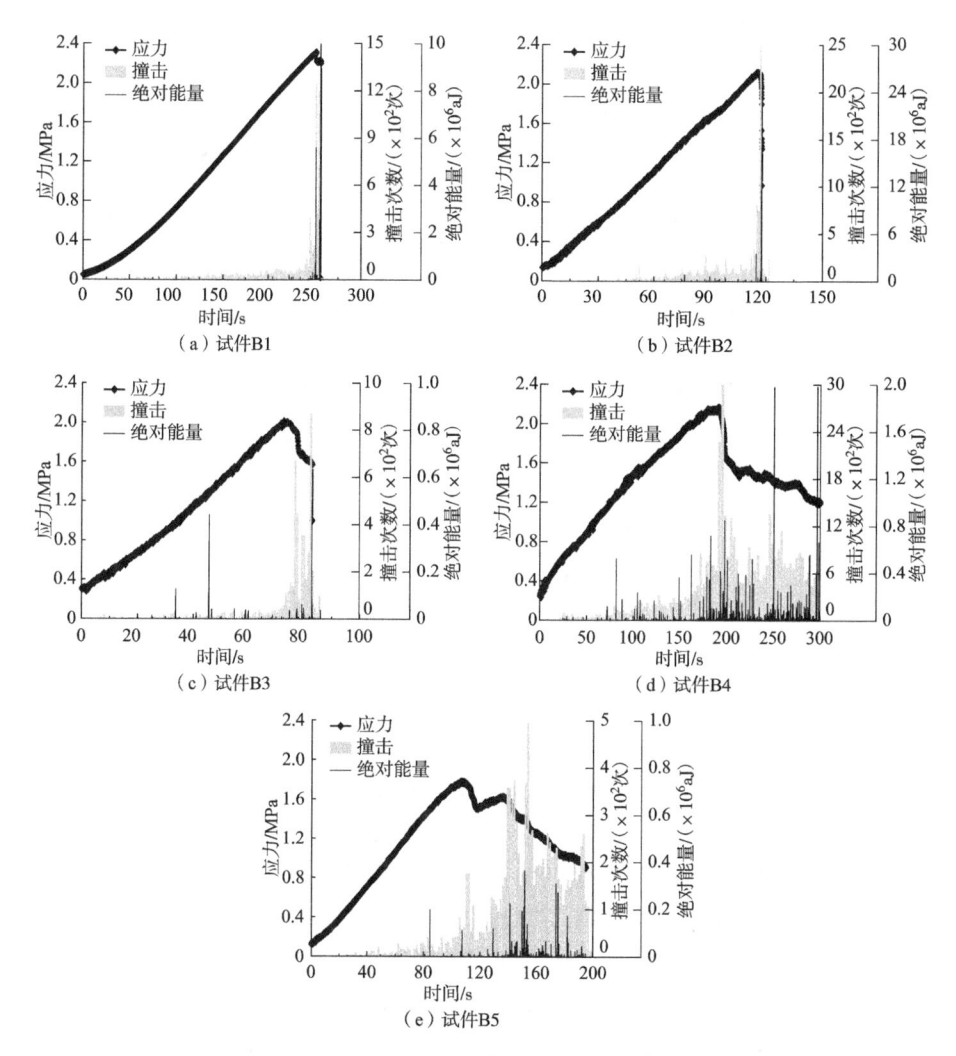

图 2.17 B 组试件巴西劈裂试验的应力、撞击次数、绝对能量随时间演化的特征

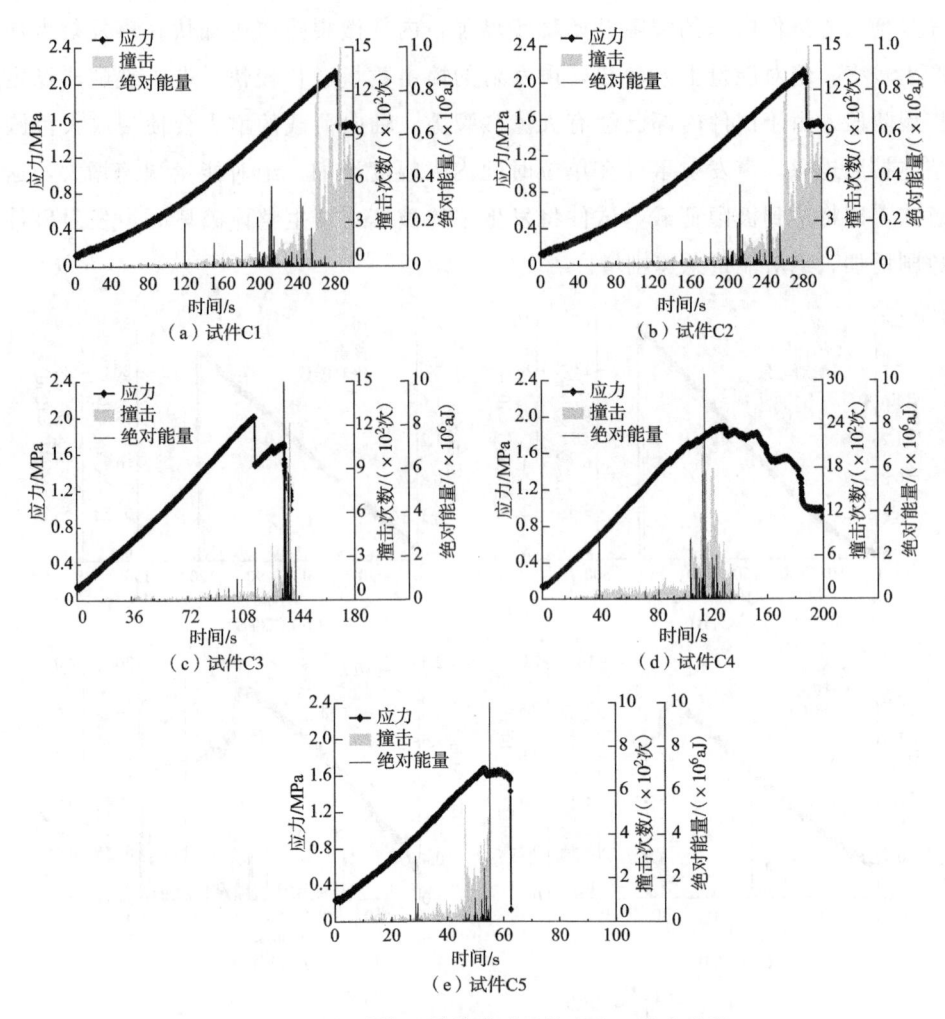

图 2.18　C 组试件巴西劈裂试验的应力、撞击次数、绝对能量随时间演化的特征

达到峰值荷载的瞬间,试件内部微裂纹大范围导通,引起加载失稳,试件从导通的破裂面劈裂开,试件内部的相对滑移使得试件失去对轴向荷载的抵抗力,应力突降,绝对能量瞬间急剧上升,声发射事件达到峰值。

观察荷载曲线,可以发现每组试件荷载曲线均存在达到破裂点峰值后能量突然大幅度释放的情形,也存在部分试件在荷载达到峰值后缓慢下降、峰后区间较长的情况。与单轴压缩试验相比,巴西劈裂试验试件能量释放时间短,释放充分,一旦达到峰值荷载,很快失去抵抗能力。

沿着外生裂隙加载的平均撞击事件数量远远小于沿着垂直于外生裂隙加载时的事件数量，这说明基质在发生拉应力破坏时产生的事件数量远远大于沿着外生裂隙破坏时的数量，也说明基质的抗拉强度远远大于外生裂隙。C组试件抗拉破坏时的声发射事件数量介于以上两者之间。能量情况也是如此，这说明抗拉强度和声发射事件及能量演化均具有一一对应的关系。

图2.19～图2.21所示为3个典型的巴西劈裂试验试件的声发射事件在各个阶段的空间演化特征。由图2.20可以看出，该试件的破裂面比另外两个试件曲折，声发射事件数量也大于另外两个试件，声发射事件的振源集中在试件破裂面两侧。

（a）裂隙压密阶段　　　（b）裂纹萌生阶段　　　（c）裂纹稳定扩展阶段

（d）裂纹非稳定扩展阶段　　　（e）试样破坏形态

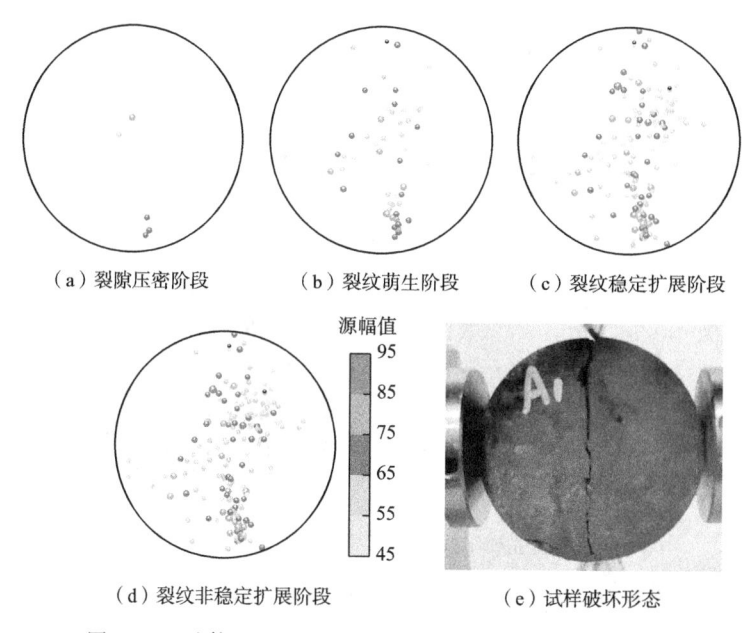

图2.19　试件A1巴西劈裂试验声发射事件空间演化特征

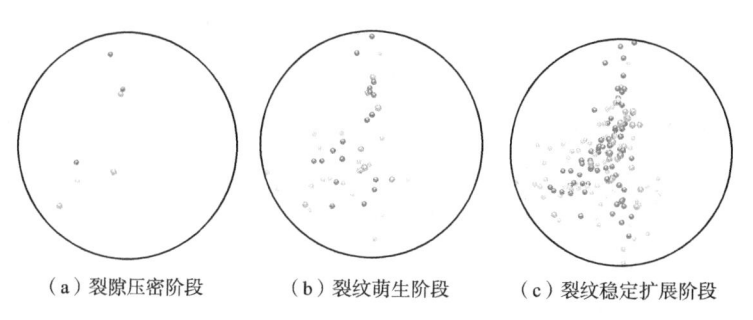

（a）裂隙压密阶段　　　（b）裂纹萌生阶段　　　（c）裂纹稳定扩展阶段

图2.20　试件B1巴西劈裂试验声发射事件空间演化特征

（d）裂纹非稳定扩展阶段　　　　（e）试件破坏形态

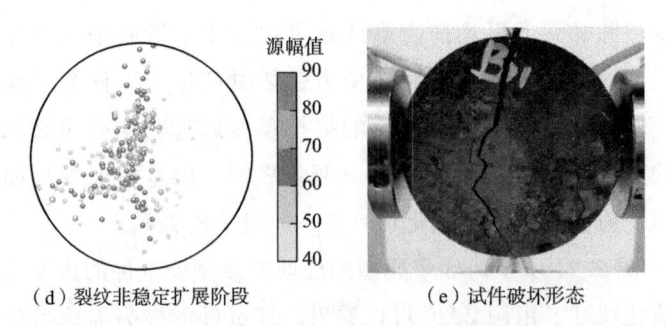

图 2.20　试件 B1 巴西劈裂试验声发射事件空间演化特征（续）

（a）裂隙压密阶段　　　（b）裂纹萌生阶段　　　（c）裂纹稳定扩展阶段

（d）裂纹非稳定扩展阶段　　　　（e）试件破坏形态

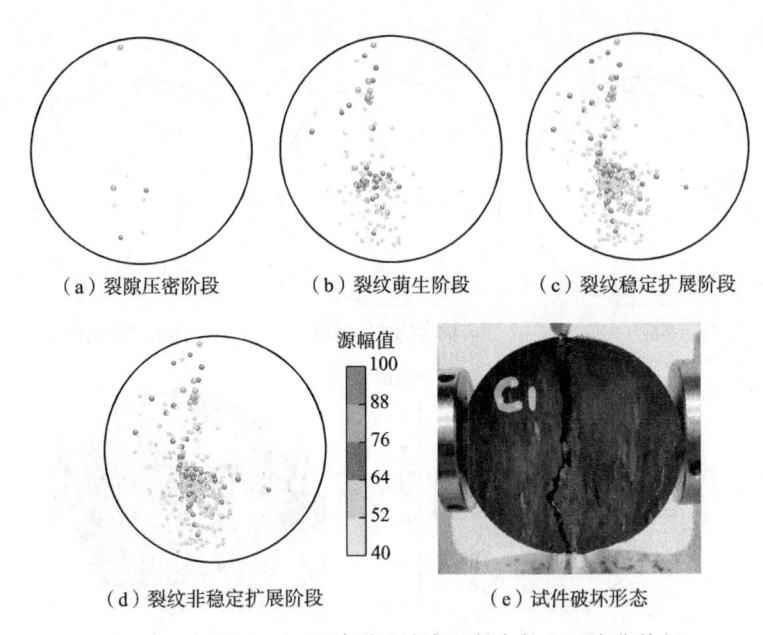

图 2.21　试件 C1 巴西劈裂试验声发射事件空间演化特征

2.4　煤岩抗剪切强度测试

变角剪切试验原理如图 2.22 所示，相应的正压力 N 和剪切力 Q 计算公式为

$$\begin{cases} N = P\cos\alpha \\ Q = P\sin\alpha \end{cases} \quad (2.1)$$

式中　P——压力机的总压力，N；

α——试件底面与水平方向的夹角。

由于剪切模具改进，原公式中的摩擦力项取值为 0。

剪切破坏面上的正应力 σ 和剪应力 τ 为

$$\begin{cases} \sigma = \dfrac{N}{A} = \dfrac{P\cos\alpha}{A} \\ \tau = \dfrac{Q}{A} = \dfrac{P\sin\alpha}{A} \end{cases} \quad (2.2)$$

试验时改变夹具倾角 α（使 α 在 $30°\sim 70°$），做一组不同 α 的试验，得到不同倾角下的正应力和剪应力，再根据摩尔-库仑定律确定相应的强度指标。

$$t = \sigma\tan\phi + c \quad (2.3)$$

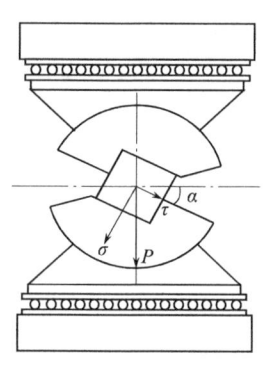

图 2.22 变角剪切试验原理

式中 $\tan\phi$——岩石抗剪切内摩擦系数；
  c——岩石的黏聚力，MPa。

2.4.1 抗剪切试验设计

用于抗剪切强度测试的立方体煤岩试件如图 2.23 所示，试件的底面平行于煤岩的层理面，试件的一组对边平行于外生裂隙延伸方向，其中 A 组试件要含有外生裂隙。其变角度剪切设计见表 2.3。

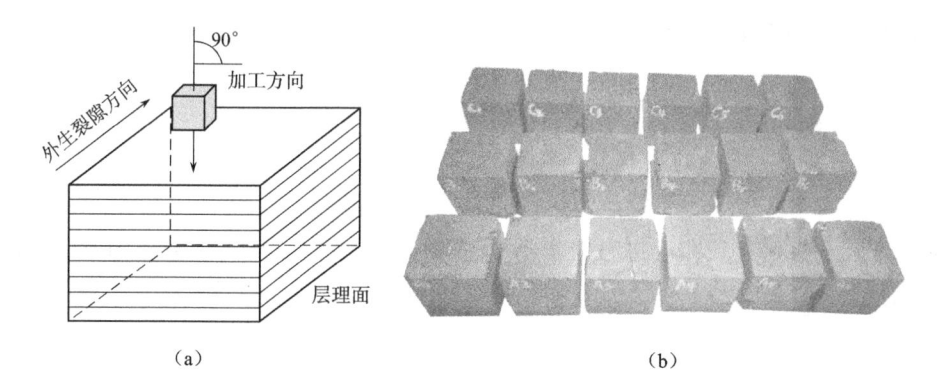

（a）　　　　　　　　　　　　　（b）

图 2.23 变角剪切试验试件

表 2.3 煤岩试件黏聚力、内摩擦角变角度剪切设计

试件编号	试件尺寸/(mm×mm×mm)	剪切角度/(°)	剪切面设置
A1	49.98×50.02×50.08	65	平行于外生裂隙面
A2	50.08×50.04×49.96	65	平行于外生裂隙面
A3	49.96×49.99×50.04	55	平行于外生裂隙面
A4	50.03×50.04×50.14	55	平行于外生裂隙面

续表

试件编号	试件尺寸/(mm×mm×mm)	剪切角度/(°)	剪切面设置
A5	50.08×50.02×50.11	45	平行于外生裂隙面
A6	49.98×49.95×50.08	45	平行于外生裂隙面
B1	50.07×49.93×49.87	65	垂直于外生裂隙面
B2	49.95×49.88×50.03	65	垂直于外生裂隙面
B3	50.06×50.00×50.10	55	垂直于外生裂隙面
B4	49.98×50.01×50.07	55	垂直于外生裂隙面
B5	50.02×50.08×50.03	45	垂直于外生裂隙面
B6	50.08×49.99×50.11	45	垂直于外生裂隙面
C1	50.08×50.07×49.96	65	平行于层理面
C2	50.02×50.06×50.04	65	平行于层理面
C3	49.98×49.98×50.10	55	平行于层理面
C4	49.85×49.86×49.99	55	平行于层理面
C5	49.94×50.11×49.96	45	平行于层理面
C6	49.88×49.99×50.00	45	平行于层理面

2.4.2 抗剪切强度试验过程

1. 抗剪切强度试验仪器

试验采用的仪器与单轴压缩试验和巴西劈裂试验所用仪器相同，在MTS设备上更换上剪切夹具即可进行变角剪切试验，如图2.24所示。设备由MTS岩石压力试验机和对应的夹具及数据采集系统组成，测试前记录试件的具体尺寸，确保试件规整。

2. 抗剪切强度试验过程

将变角剪切夹具固定在压力机上下承压板间，注意保证压力机的中心线与夹具的中心重合，然后调整夹具的剪切角度，使刻度分别为65°、55°、45°，观察试件外生裂隙方向。将煤岩试件放置于变角板内，并保证剪切破裂面与外生裂隙的延伸平面形成一定的夹角。将试件安装到变角剪切夹具上后启动压力试验机，使变角剪切板的上半部分夹具向下移动至接触到试件上部，然后启动压力试验机加载，直至试件发生剪切破坏，记录荷载数据。

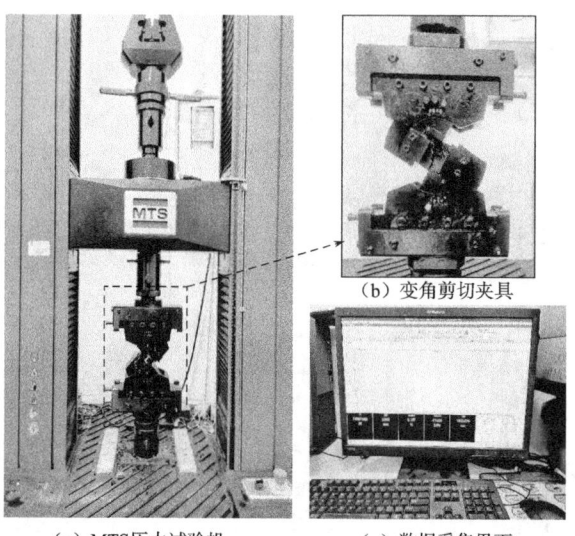

第 2 章 沁水煤田煤岩力学特性试验研究

(a) MTS压力试验机　　(b) 变角剪切夹具　　(c) 数据采集界面

图 2.24　变角剪切试验机

2.4.3　抗剪切强度试验结果分析

煤岩试件变角剪切试验结果如图 2.25 所示。根据试验结果计算得到不同剪切位置的煤岩抗剪切强度，见表 2.4～表 2.6。抗剪切强度具有明显的方向性，不同剪切位置测得的黏聚力和内摩擦角差异明显。

A1　　A2　　A3

A4　　A5　　A6

图 2.25　煤岩试件变角剪切试验结果

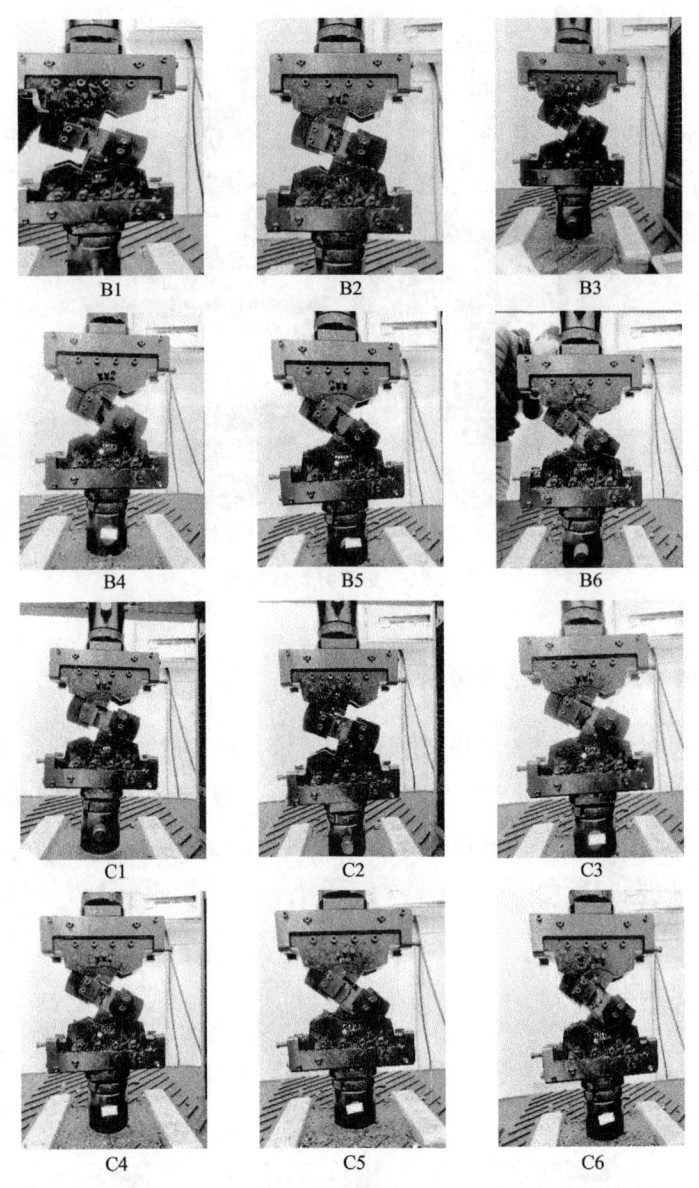

图 2.25 煤岩试件变角剪切试验结果（续）

表 2.4 沿外生裂隙面剪切试验结果

试件编号	剪切方向	剪切角/(°)	峰值荷载/kN	正应力/MPa	剪应力/MPa
A1	沿外生裂隙面	65	10.98	1.856	3.981
A2	沿外生裂隙面	65	11.72	1.981	4.249

续表

试件编号	剪切方向	剪切角/(°)	峰值荷载/kN	正应力/MPa	剪应力/MPa
A3	沿外生裂隙面	55	22.71	5.210	7.441
A4	沿外生裂隙面	55	11.18	2.565	3.663
A5	沿外生裂隙面	45	16.38	4.632	4.632
A6	沿外生裂隙面	45	24.92	7.047	7.047

表 2.5 垂直于外生裂隙面剪切试验结果

试件编号	剪切方向	剪切角/(°)	峰值荷载/kN	正应力/MPa	剪应力/MPa
B1	垂直于外生裂隙面	65	7.78	1.315	2.820
B2	垂直于外生裂隙面	65	19.14	3.236	6.939
B3	垂直于外生裂隙面	55	18.26	4.189	5.983
B4	垂直于外生裂隙面	55	24.79	5.688	8.123
B5	垂直于外生裂隙面	45	41.57	11.756	11.756
B6	垂直于外生裂隙面	45	31.74	8.976	8.976

表 2.6 沿层理面剪切试验结果

试件编号	剪切方向	剪切角/(°)	峰值荷载/kN	正应力/MPa	剪应力/MPa
C1	沿层理面	65	8.43	1.425	3.056
C2	沿层理面	65	10.77	1.821	3.904
C3	沿层理面	55	15.91	3.650	5.213
C4	沿层理面	55	17.35	3.981	5.685
C5	沿层理面	45	20.25	5.727	5.727
C6	沿层理面	45	30.84	8.722	8.722

根据表 2.4～表 2.6 中的结果线性拟合出同一试件在不同位置上剪切时正应力和剪应力的关系曲线，如图 2.26～图 2.28 所示，由图可见：沿着外生裂隙面剪切时测得试件的黏聚力为 2.551MPa，内摩擦角为 34°；垂直于外生裂隙面进行剪切试验时测得试件的黏聚力为 3.137MPa，内摩擦角为 36.13°；沿层理面剪切时测得试件的黏聚力为 2.420MPa，内摩擦角为 35°。

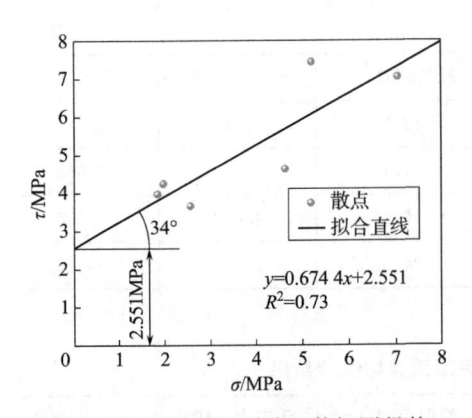

图 2.26 沿着外生裂隙面剪切测得的正应力和剪应力的关系

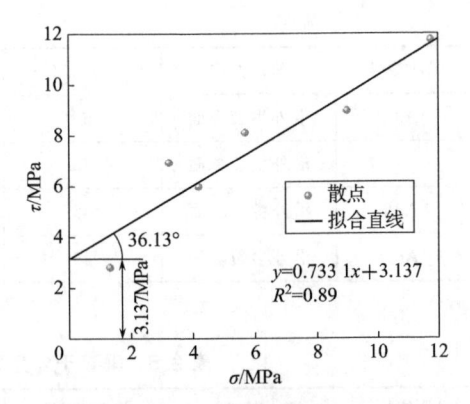

图 2.27 垂直于外生裂隙面剪切测得的正应力和剪应力的关系

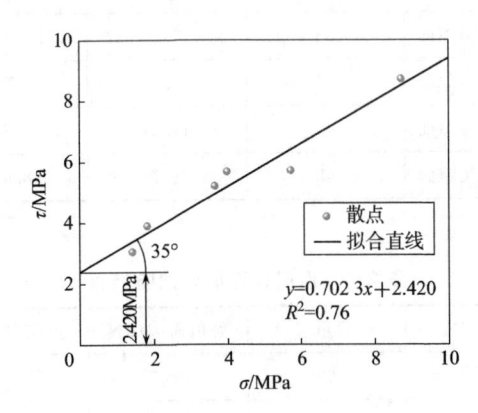

图 2.28 沿层理面剪切测得的正应力和剪应力的关系

2.5 小　　结

本章选取山西省沁水煤田 15 号煤层的煤岩，根据不同的要求加工成标准试件，并进行了单轴压缩、巴西劈裂、变角剪切等试验，测试了煤岩体的层理、节理等弱结构面对抗压强度、抗拉强度的影响，研究了层理和节理裂隙对煤岩黏聚力和内摩擦角的影响。本章的主要结论有：

1) 层理和外生裂隙（裂隙）是影响煤岩体力学性质的重要因素。煤岩的力学性质受到层理效应的影响，还受到外生裂隙的重要影响，可以统称为弱结构面效应的影响。垂直于层理面且垂直于外生裂隙面的煤岩的力学强度往往较高，这里的力学强度包括抗拉强度和抗剪切强度，可以理解为不含弱结构面的煤基质的力学强度大于含弱面构造（层理或外生裂隙）的煤岩的力学强度。弱结构面效应是导致煤岩体力学性质各向异性和发生破坏的重要因素。

2）煤岩试件在受力破坏的过程中会出现明显的声发射撞击现象，同时伴随着能量的释放。随着加载的进行，煤岩内部的微裂纹慢慢扩展并逐渐沟通成大面积的破裂面，当轴向荷载达到峰值时将发生突然的声发射撞击和能量的急剧释放，破裂面形成，引起试件的破裂失稳，声发射事件往往在破裂面周边集聚。

第3章 深部煤层气储层水力裂缝试验研究

由第 2 章的煤岩试件力学试验研究可以得出弱结构面效应是导致煤岩体力学性质各向异性和发生破坏的重要因素的结论，这些弱结构面对水力裂缝会造成什么样的影响？本章将通过室内试验进行研究。

我国已勘探的 0~2 000m 范围内煤层气资源丰富，其中 1 000~2 000m 范围内深部煤层气达 30.05 万亿 m³，占总储量的 62.8%[99]。勘探开发深部煤层气有利于充分利用自然资源、减少温室气体的排放，而深部煤层气的开发需要利用水力压裂技术实现地面井场与抽采井下煤储层最大限度的连通，以扩大抽采影响区，改善煤层渗透率，提高抽采井的产能[100]。与页岩等单一类型节理储层不同，煤层气储层中发育的割理、层理、裂隙等系统复杂，较难描述得特别清楚。煤层气储层中多级发育的内部割理-裂隙系统使得煤层气储层与其他常规油气储层的水力裂缝扩展机理存在很大差异[79,101]。目前尚没有可靠的可视化的水力裂缝扩展监测技术和精确的煤储层数值分析方法模拟煤层的水力压裂[102]。

水力裂缝在煤储层中的延伸路径复杂，既有地应力主导方向的扩展，又有复杂的结构面因素导致的裂缝扩展、转向。有学者基于真三轴试验和有限元建模研究了射孔角度、射孔长度和喷射速率对定向水力压裂的影响，提出了一种预测水力裂缝起裂和扩展的不平衡力矢量判据。有学者提出了一种围岩和煤层裂缝网络改造技术，该技术采用不同的水力压裂工艺，对周围地层-煤层进行压裂，形成不同类型的裂缝网络。有学者通过理论分析和水力压裂试验建立了煤层水平井水力裂缝起裂判据。有学者通过试验和模拟研究了不同应力条件下水力裂缝的断裂性质，指出侧压系数对裂缝尖端应力强度因子的大小有重要影响。阿巴斯（Abass）通过试验和理论分析指出煤层中水力裂缝的扩展是由多条裂缝的扩展造成的，提出了一种计算浅埋煤层水力裂缝缝宽的方法[79]。有学者提出了脉动水力压裂的增透方法,并通过仿真计算得出脉动水力压裂可以产生更好的水力裂缝分布,这与其他学者研究的单一层理类型岩体的水力裂缝起裂和扩展规律差异很大。许多学者通过室内试验研究了天然裂缝对水力裂缝扩展的影响。有学者研究了部分胶结和强胶结天然裂缝对水力裂缝扩展的影响。有学者研究了地应力差值及已存在的裂缝倾角和走向对裂缝扩展的影响。此外,储层的弹性模量、抗拉强度、压裂液的注入速率和压裂液黏度等因素对水力裂缝的影响也被广泛研究[103-106]。

有学者发现裂缝的扩展路径遵循一定的原则,即阻力最小、最优扩展路径和最短扩展路径的原则[107]。有学者发现低黏度压裂液可变注入量压裂是改善压裂裂缝与不连续面的连通性的有效方法。一些研究人员通过数值模拟分析得出,地应力、逼近角、天然裂缝发育程度是影响裂缝扩展方向的主要因素[108,109]。然而,数值建模无法很好地解决煤岩储层中天然裂缝的非均质性及网格划分等问题,导致模拟结果与实际裂缝扩展路径仍存在差异。

在工业生产中仍然缺乏水力裂缝的精确测量技术,为了精确监测水力裂缝的扩展路径,声发射技术被广泛应用于水力压裂试验中。有学者研究了砂岩试件在施加不同应力条件下的声发射监测结果,通过声发射的振源机制分析发现水力裂缝扩展过程中剪切破坏比拉伸破坏更常见,并验证了试件的非均质性导致水力裂缝的非平面扩展现象[110]。

有学者建立了煤中水力压裂的三维模型,并采用声发射系统对压裂过程进行监测,试验和模拟的结果一致[111]。有学者通过煤的水力压裂试验验证了声发射可以用来识别裂缝的扩展方向,是一种有效的裂缝扩展识别方法。有学者研究了两层煤的竞争起裂和水力裂缝扩展规律,采用声发射探测方法探测了两层煤采用同一个井筒压裂时的竞争压裂现象,发现声发射事件主要分布在软煤中,表明在软煤中更易形成裂缝网络[112]。然而,声发射技术无法对压裂裂缝进行精确定位,限制了进一步的研究。

在水力压裂试验中应用CT技术可以真实扫描出水力裂缝的具体位置和展布形态,近年来被广泛应用于水力压裂的试验研究。有学者利用CT三维重构和计算力学研究了砂砾岩非均质性对水力裂缝起裂和扩展行为的影响。有学者利用CT和图像识别技术对比了水力压裂前后煤岩试件的裂隙差异,并确定天然裂缝的分布对煤层水力压裂的起裂具有主导作用[113]。

尽管煤储层水力压裂的研究已经取得了一定的成果,但由于在煤储层中存在着较为稳定的层理和复杂的割理-裂隙系统，学者对煤储层中水力裂缝的起裂和扩展机理尚未统一认识，准确描述煤储层中水力裂缝的形态及动态扩展过程仍然需要一个漫长的探究过程。本章将通过对立方体原煤岩试件进行真三轴水力压裂试验探究煤储层中弱结构面和地应力对水力裂缝扩展的影响，并采用CT图像判断煤储层中裂缝网络与水力裂缝起裂—扩展—转向的关系，揭示煤岩体中水力裂缝的扩展机理，为深部煤层气的开发提供基础理论支撑。

3.1　试件制备与试验方法

3.1.1　煤岩试件的制备

本次试验以山西省沁水煤田太原组15号天然煤岩为研究对象，该煤岩内部割理-裂隙系统发育，有一定的物理强度。将煤岩样品加工成$\phi50mm\times100mm$的圆柱体、$\phi50mm\times25mm$的圆柱体、$50mm\times50mm\times50mm$的立方试件各15个，分别进行单轴抗压强度试验、巴西劈裂试验、变角剪切试验，测试出了煤岩体的单轴抗压强度（UCS）、抗拉强度（BTS）、黏聚力和内摩擦角等煤岩物理力学参数的平均值，见表3.1。在制备煤岩水力压裂试验试件的过程中，要求试件上下表面平行于层理面，经加工打磨后制成$100mm\times100mm\times100mm$的立方体煤岩试件。在立方体试件的中间钻取一个直径10mm、深55mm的孔，将对应型号的井筒采用高强度环氧树脂胶（AB胶）粘结密封，预留10mm裸眼段，如图3.1所示。所有试件在压裂试验前和压裂试验后均需进行一次计算机断层扫描。

表 3.1　煤岩物理力学参数

UCS/MPa	BTS/MPa	黏聚力/MPa	内摩擦角/(°)	弹性模量/GPa	泊松比
10.83	1.90	2.72	35.05	1.96	0.32

3.1.2　水力压裂试验方案

本次试验重点研究煤岩体水力压裂复杂裂缝起裂与延伸机理，侧重煤岩外生裂隙对煤储层中水力裂缝扩展的影响。为了评价地应力对水力压裂的影响，沿水平方向对试件施加不同应力差的应力。根据已有的沁水盆地地应力测试数据拟合出三向应力与埋深的关系曲线（见后文图3.16）。深部地层的地应力较大，

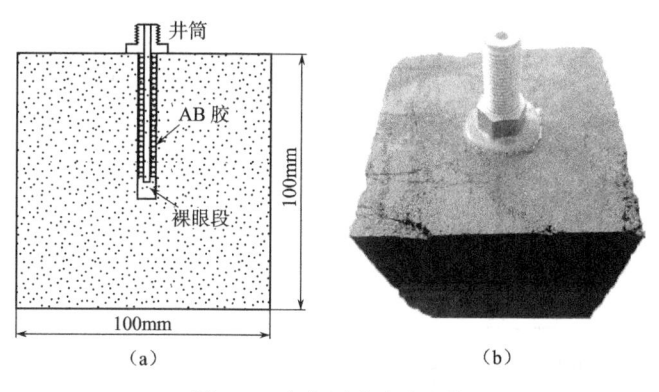

第3章 深部煤层气储层水力裂缝试验研究

图 3.1 水力压裂试验试件

1 000m 深度地应力中最大水平主应力高达 30.6MPa，煤岩难以支撑如此大的三向应力。煤岩压裂模拟试验参数见表 3.2，最小水平主应力设置为一个范围，以研究应力变化对压裂裂缝的影响。对上述地应力采取等比例缩小的方式进行试验。经过试验后确定按 0.5 倍的强度（应力相似比为 2）加载三向应力不会破坏试件，中间主应力设为定值 14.05MPa。由于每一个试件内部的裂隙结构均不相同，所以 1~7 号试件用来探究在深部应力条件下不同外生裂隙（NF）下试件水力裂缝扩展的情况；8~15 号试件分为 4 组，最小主应力逐渐减小，用来探究地应力的改变对水力裂缝扩展的影响。

表 3.2 煤岩水力压裂试验参数

试件编号	σ_H/MPa	σ_h/MPa	σ_v/MPa	k	流量/(mL/min)	备注
1	15.3	13.5	14.05	0.13	30	
2	15.3	13.5	14.05	0.13	30	
3	15.3	13.5	14.05	0.13	30	1~7 号试件变量为试件内部不同的外生裂隙
4	15.3	13.5	14.05	0.13	30	
5	15.3	13.5	14.05	0.13	30	
6	15.3	13.5	14.05	0.13	30	
7	15.3	13.5	14.05	0.13	30	
8	15.3	12.0	14.05	0.28	30	
9	15.3	12.0	14.05	0.28	30	8~15 号试件主要变量为 σ_h
10	15.3	10.5	14.05	0.46	30	
11	15.3	10.5	14.05	0.46	30	

续表

试件编号	三向应力				流量 /(mL/min)	备注
	σ_H/MPa	σ_h/MPa	σ_v/MPa	k		
12	15.3	9.0	14.05	0.70	30	8～15号试件主要变量为σ_h
13	15.3	9.0	14.05	0.70	30	
14	15.3	7.5	14.05	1.04	30	
15	15.3	7.5	14.05	1.04	30	

注：$k = \dfrac{\sigma_H - \sigma_h}{\sigma_h}$，为主应力差异系数。

图 3.2 所示的三轴水力压裂设备为本次试验采用的中国矿业大学（北京）煤炭资源与安全开采国家重点实验室鞠杨教授团队研发的真三轴水力压裂试验装置。此次试验选用清水作为压裂液，压裂液的注入方式为恒流量注入。待压裂液压穿到试件边界，数据采集系统的泵压曲线会有明显的降低，此时便可停止注入压裂液，结束试件的压裂，随后缓慢均匀卸载三向应力并取出试件。

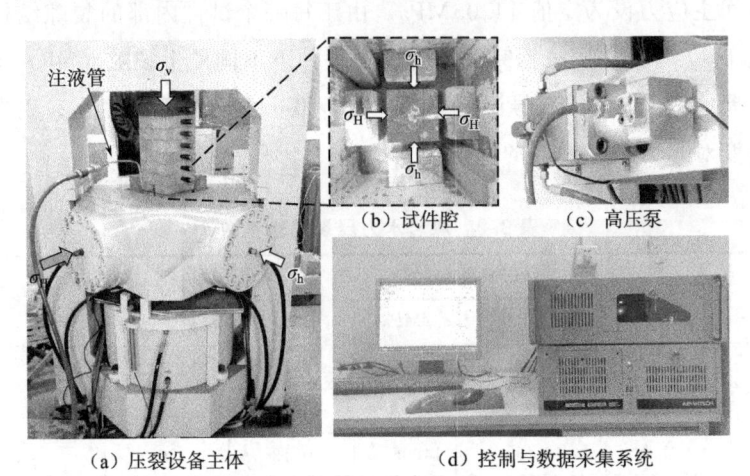

图 3.2 水力压裂设备系统

3.2 试件的扫描与图像重构

3.2.1 试件扫描

煤岩试件水压致裂后裂缝的准确观察与描述是一个难题。试件中广泛发育天然裂隙和水力裂缝，而压裂后的煤岩试件表面往往仅存在一个较小的裂口，试件整体并没有被水力裂缝分割成两部分，无法直接观察到起裂到扩展的过程。

采用 CT 技术对水压致裂前后的煤岩试件进行扫描，并通过 CT 图像的三维重构分析压裂前后煤岩试件内部裂隙发育特征的差异是研究水力裂缝扩展规律的好方法。CT 设备及其工作原理如图 3.3 所示。

(a) CT设备

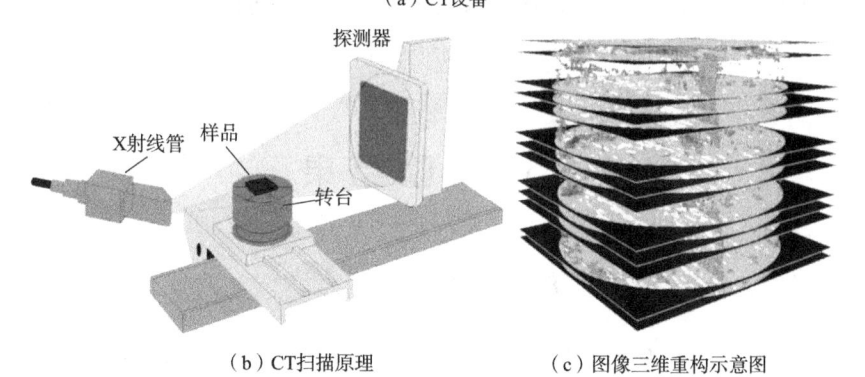

(b) CT扫描原理　　　(c) 图像三维重构示意图

图 3.3　CT 扫描与图像重构示意图

3.2.2　水力裂缝的图像重构

通过 MIMICS 软件确定试件 CT 图像中的裂缝灰度值区间，通过提取灰度值区间可以将区间外的基质和矿物等成分的图像删去，形成仅有裂缝的三维图像，如图 3.3 所示。

此次试验由于压裂液中没有支撑剂，压裂完毕的试件在压裂腔中承受三向高应力时已压开的裂缝会闭合，此时如果直接取出试件并进行扫描会造成裂缝成像失真。将试件从压裂腔中取出后放入烘干箱中烘干再进行扫描可提取出非常清晰的水力裂缝（图3.4）。采用MIMICS软件提取出压裂前和压裂后试件中的裂缝并进行对比，新增的裂缝即为水力裂缝。新增的裂缝必须导通了试件边界并连通着井筒末端的裸眼段。在3-Matic软件中剪裁出水力裂缝［图3.4(c)］后导入图3.4(a)中可以清晰地显示水力裂缝和天然裂缝的空间关系［图3.4(f)］。

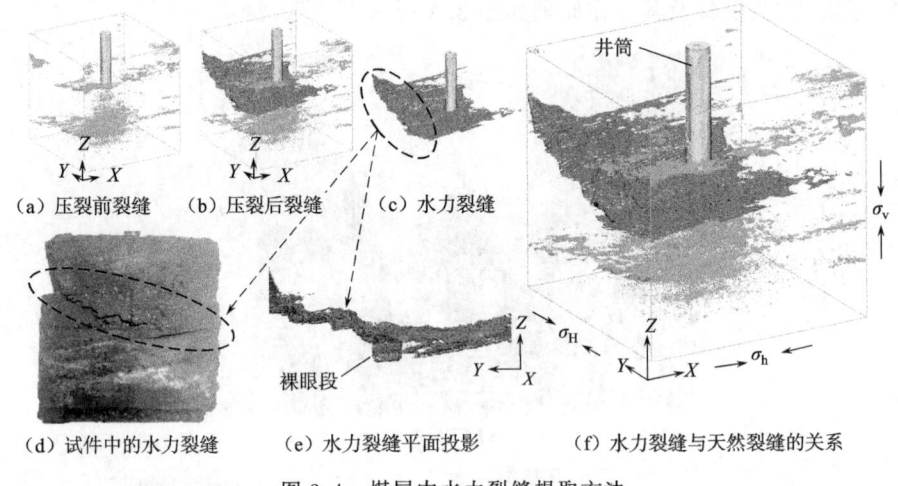

(a) 压裂前裂缝　　(b) 压裂后裂缝　　(c) 水力裂缝

(d) 试件中的水力裂缝　　(e) 水力裂缝平面投影　　(f) 水力裂缝与天然裂缝的关系

图3.4　煤层中水力裂缝提取方法

3.3　试验结果

3.3.1　层理和外生裂隙开度的图像分析

本次试验的15个煤岩试件都是沿着层理或者外生裂隙起裂的，这意味着在表3.2中设置的三向应力条件下，煤岩体中的弱结构面决定了水力裂缝的起裂位置。

1. 层理与外生裂隙的密度比较

15个试件中有9个试件沿着层理面起裂，占到了总量的60%。如图3.5(a)所示为6号试件的层理裂隙重构图像，由图像可知该试件中层理极为发育，以离散的点状分布在各个层面上。如图3.5(b)所示为2号试件外生裂隙的发育图像，可见外生裂隙发育不稳定，切割了很多层的层理结构，外生裂隙之间距离较远，大小也不一。相比较而言，煤岩体中外生裂隙的发育密度远远小于层理面的发育密度。

(a) 6号试件层理裂隙重构图像　　(b) 2号试件外生裂隙的发育图像

图 3.5　层理和外生裂隙的发育特征

15 个试件中有 6 个试件是沿着外生裂隙起裂的，没有经过层理面，占总量的 40%。经过分析发现，这一类型的试件都有一个共同的特点，就是试件原生的外生裂隙连通了试件的裸眼段或者距离裸眼段较近。图 3.6(a，b) 所示为 1 号试件的原生裂隙和水力裂缝展布情况，由于井筒下的裸眼段直接连通到外生裂隙，水力裂缝直接沿着外生裂隙面起裂。图 3.6(c，d) 所示为 1 号试件在压裂前后的平切 CT 图像，图像清晰地显示出压裂后的水力裂缝是沿原生裂隙起裂的，而原生裂隙与裸眼段是连通的。

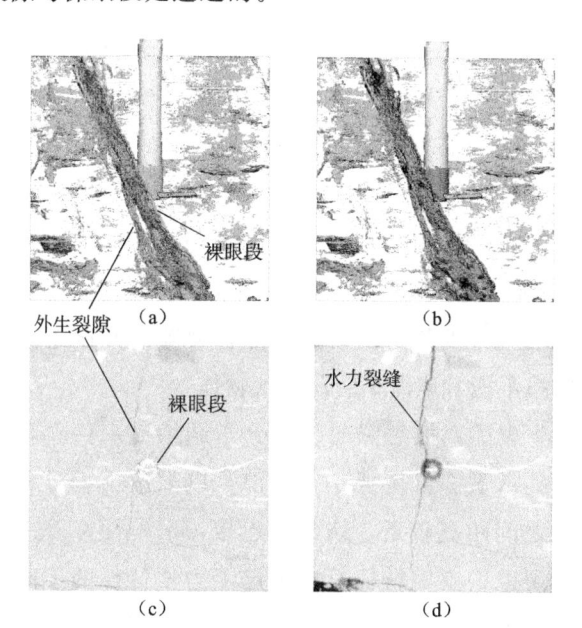

图 3.6　试件沿着外生裂隙起裂前、后图像对比（1 号试件）

2. 层理面与外生裂隙的开度

在 3-Matic 软件中建立一个立方体，将立方体建立在层理面所在区域，可截取出部分离散的层理面，在截取过程中应避免截取到外生裂隙。将截取的离散的层理裂隙导入 Avizo 软件中，解算出每一个离散层理裂隙的面积和体积。层理面多数可以看作一个个薄片状的空腔体，单一的层理裂隙开度可以近似采用体积除以一侧面积得出（图 3.7）。

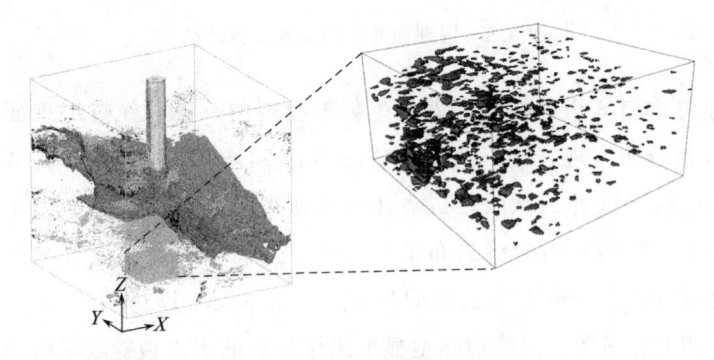

图 3.7 原生裂隙开度的计算

对 15 个试件中取样的 8 312 个独立的离散层理裂隙进行解算后可以得到如图 3.8(a) 所示的统计分布结果：开度最小值为 0.045mm，取样区的平均开度为 0.095mm。采用同样的方法，将在 15 个试件三维重构图像中截取的原生裂隙中的外生裂隙进行解算，三维重构外生裂隙图像中裂隙依然由离散的外生裂隙点聚集而成。对 1 905 个独立的离散层理裂隙进行解算后可以得到如图 3.8(b) 所示的统计分布结果：开度最小值为 0.141mm，取样区的平均开度为 0.194mm。注意该算法不适宜求解开度较大的离散裂隙，裂隙的开度越大误差越大，这是因为开度较大的裂隙不能看成简单的薄片状物体。

上述层理和外生裂隙离散裂隙的统计分布结果显示：层理的离散裂隙平均开度比外生裂隙的离散裂隙开度要小，且都是以离散为主分布在基质内部；外生裂隙的离散裂隙之间距离较近，彼此相连接，聚集性好。这种分布特征决定了层理裂隙和外生裂隙的空隙特征，也决定了力学特性的不同。外生裂隙的强度远小于层理面的强度，而层理面的空隙特性决定了其力学强度小于煤基质的力学强度，从而决定了外生裂隙和层理不同的强度性质、破裂能耗特性和起裂优先顺序。由此可见，虽然存在外生裂隙的煤岩力学强度低于层理面，但由于层理面的密度远远大于外生裂隙的发育密度，故层理面对煤岩水力裂缝的影响更大。

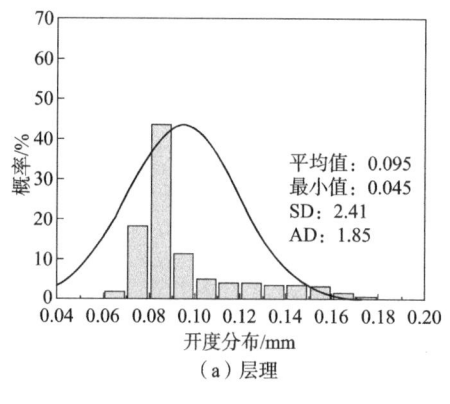

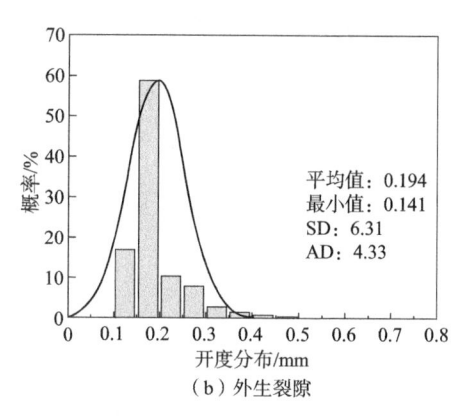

(a) 层理

(b) 外生裂隙

图 3.8　层理和外生裂隙中离散裂隙的开度分布

注：SD 为标准差，AD 为平均偏差。

3.3.2　煤岩水力裂缝的起裂与分布特征分类

煤岩中存在着广泛发育的天然裂缝，层理面往往平行分布，赋存特征非常稳定，有些层理面内的空隙聚集且层理开度较大，大多数情况下层理面内的空隙非常细微，空隙间相互断开。在 CT 图像中外生裂隙和煤岩中层状分布的面割理很难区分，本书中统一称之为外生裂隙。此次试验的 15 个试件水力裂缝非常清晰，按照起裂和扩展的路径共分为四种类型（图 3.9）：（Ⅰ）沿着层理面起裂并扩展至边界，此种类型试件共 4 块，占 26.67%，其典型特征如图 3.10 所示（13 号试件的水力裂缝）；（Ⅱ）沿着层理面起裂并扩展到外生裂隙，再顺着外生裂隙扩展到边界，此种类型试件共 4 块，占 26.67%，其典型特征如图 3.11 所示（14 号试件的水力裂缝）；（Ⅲ）沿着层理面起裂，然后沿着圆弧形路径转向到垂直于最小主应力方向（最大主应力方向），此种类型试件共 1 块，占 6.67%，图 3.12 所示的 15 号试件的水力裂缝为该类型；（Ⅳ）沿着外生裂隙起裂并扩展至边界，此种类型试件共 6 块，占 40%，其典型特征如图 3.13 所示（1 号试件的水力裂缝）。在 15 个样品中，裂缝的起裂都是沿着层理面或者外生裂隙方向，其中沿着层理面起裂有 9 例，占 60%，沿着外生裂隙方向起裂有 6 例，占 40%。这与经典理论中裂缝的起裂规律相差很大，而与文献［113］的研究结论较为一致，即煤岩中水力裂缝的起裂受到原生裂隙的控制。阿巴斯（Abass）在井下观测到的煤层气井水力裂缝沿着天然裂缝长距离延伸的情况[79]

与本书的结论也是一致的。图 3.10～图 3.13 所示 CT 图像中浅色部分为天然裂缝，深色部分为水力裂缝。

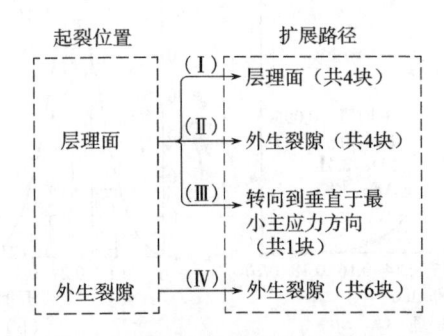

图 3.9 水力裂缝起裂和扩展的路径分类

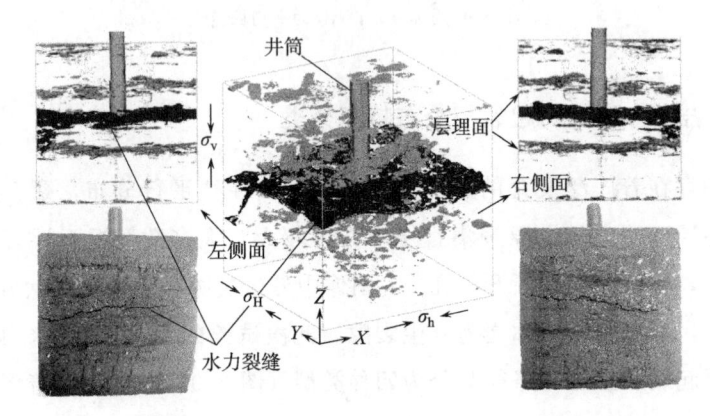

图 3.10 沿层理面起裂和扩展（13 号试件）

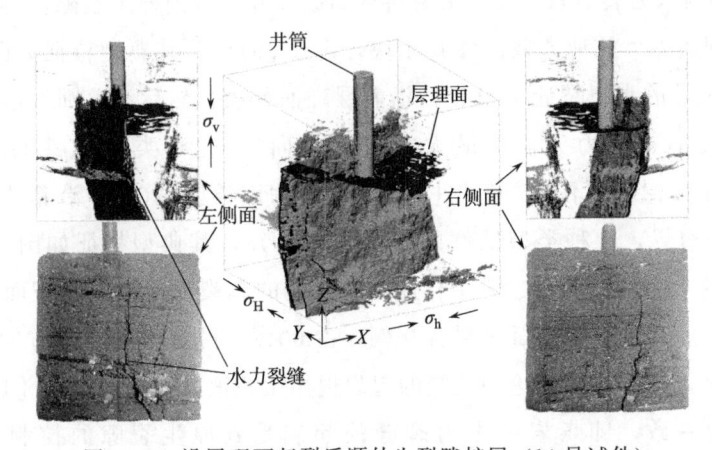

图 3.11 沿层理面起裂后顺外生裂隙扩展（14 号试件）

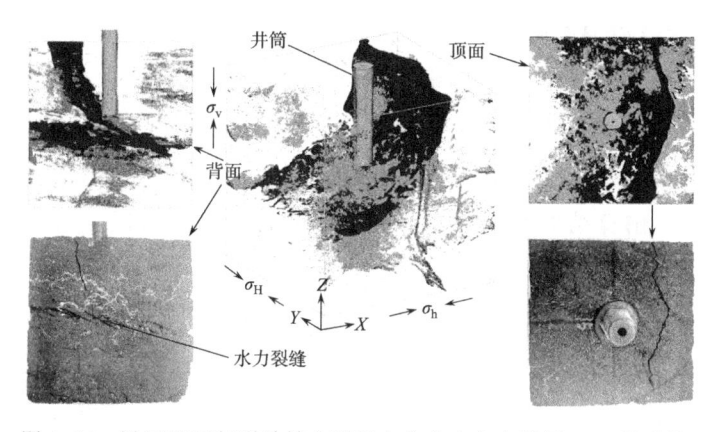

图 3.12 沿层理面起裂并转向到最大主应力方向扩展（15 号试件）

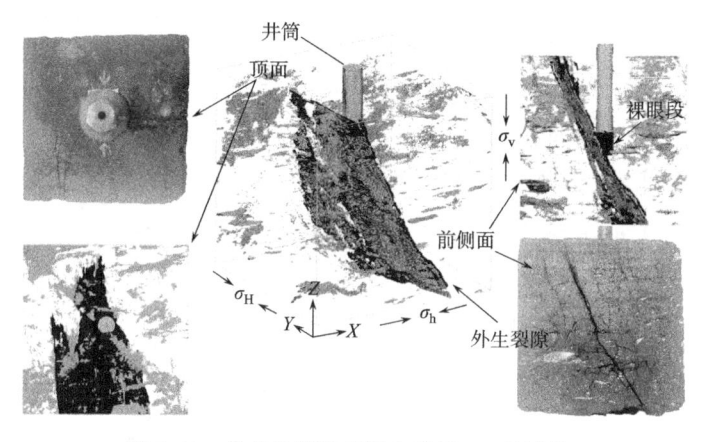

图 3.13 沿外生裂隙起裂和扩展（1 号试件）

3.3.3 三维水力裂缝的分形分析

为了更加清晰地表征煤层气储层中水力裂缝的产生对储层裂缝网络复杂性变化的影响，引入分形理论表征煤储层中内部网络的复杂性，可有效量化水力压裂网络的复杂性[114,115]。裂缝网络的复杂度越高，裂缝网络的分形维数越大。为了测量煤岩试件裂缝网络的分形维数，使用图像处理方法将盒计数法应用于重建的三维模型[115]。因此，使用以下公式计算分形维数：

$$D_B = \lim_{k \to \infty} \frac{\ln N_{\delta_k}}{-\ln \delta_k} \tag{3.1}$$

式中　D_B——裂缝网络的分形维数；

δ_k——第 k 个覆盖网格的边长；

N_{δ_k}——覆盖裂缝的有效网格数；

k——第 k 步计算。

通过 CT 图像提取出压裂前和压裂后的裂缝网络，解算出试件在压裂前后分形维数的变化。解算结果见表 3.3，可以看出，水力压裂后试件的分形维数全部比压裂前大。

表 3.3 试件压裂前后裂缝网络分形维数的变化

试件编号	压裂前	压裂后	增加值	增长率/%
1	2.425 53	2.452 61	0.027 08	1.12
2	2.345 66	2.421 63	0.075 97	3.24
3	2.352 76	2.414 54	0.061 78	2.63
4	2.436 30	2.487 49	0.051 19	2.10
5	2.468 76	2.505 34	0.036 58	1.48
6	2.400 46	2.476 05	0.075 59	3.15
7	2.499 45	2.562 36	0.062 91	2.52
8	2.310 73	2.429 41	0.118 68	5.14
9	2.440 74	2.517 42	0.076 68	3.14
10	2.408 50	2.456 92	0.048 42	2.01
11	2.291 45	2.371 33	0.079 88	3.49
12	2.340 11	2.438 08	0.097 97	4.19
13	2.264 43	2.379 21	0.114 78	5.07
14	2.233 05	2.297 28	0.064 23	2.88
15	2.340 94	2.425 16	0.084 22	3.60

为了定量评价不同条件下分形维数的变化情况，裂缝网络分形维数的增长率 η 由下式定义[115]：

$$\eta = \frac{D_{BF} - D_{BN}}{D_{BN}} \times 100\% \tag{3.2}$$

式中 D_{BF}——水力压裂后裂缝网络的分形维数；

D_{BN}——水力压裂前天然裂缝的分形维数。

图 3.14 中绘制了不同水平主应力差下分形维数的增长率。试验中试件的水

力裂缝面积都相对较小，而试件中又存在大量的节理裂隙，故而分形维数的增长率不高，为 1.12%～5.14%。当水平主应力差为 1.8MPa、4.8MPa 和 7.8MPa 时，裂缝网络的平均分形维数的值相对于水平主应力差为 3.3MPa 和 6.3MPa 时要小一些。由此可知，随着水平主应力差的增加，裂缝系统的复杂性有增大的趋势，但波动性也很大。究其原因，除了水平主应力差异外，分形维数的增长率还取决于煤岩试件内部裂隙的复杂性。文献[114]的研究也有相同的观点。

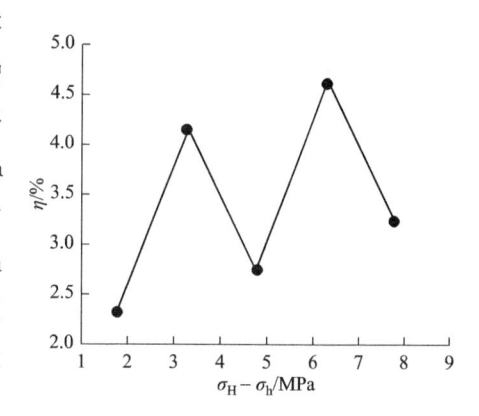

图 3.14 裂缝网络分形维数增长率随水平主应力差的变化

3.3.4 试件的泵压曲线

图 3.15 所示为此次试验的 15 个试件的泵压曲线，绝大多数破裂点的压力都可以从泵压曲线上直接读取。将这 15 个试件的破裂压力值进行统计，见表 3.4。由于围压均做了等比例减小，试验中的破裂压力比真实状况下的破裂压力要小，且远远低于真实状况下的破裂压力。此外，采用的清水压裂液因为黏度较低，压裂液的滤失效应更强，且室内试验试件的边长较短，高压下清水更易沿着高渗透性的外生裂隙或者层理穿透到边界导致泄压。总结此次试验中泵压数据较小的原因，有如下四点：①围压等比例缩小为原来的 0.5 倍；②压裂液的黏度较低，更易沿着裂隙发生滤失；③试件尺寸较小，存在注入点到边界的距离较短的问题；④试件中较发育的层理和不稳定的外生裂隙造成试件的孔隙率较大。

通过分析 CT 图像可以确定 15 个试件在水压作用下的起裂位置，主要分为沿着层理面起裂或者沿着外生裂隙的位置起裂。裂隙的扩展路径分为四种：（Ⅰ）沿层理面扩展；（Ⅱ）沿外生裂隙扩展；（Ⅲ）由层理面起裂转向沿外生裂隙扩展；（Ⅳ）沿层理面扩展，然后转向垂直于最小主应力方向。

分析 CT 图像可得 4 号和 7 号试件受到矿物的充填影响较为明显，第 4 章图 4.26 表明矿物充填于这两个试件中对水力裂缝的起裂和扩展都造成了较大的影响。4 号和 7 号试件破裂压力分别为 10MPa 和 11.65MPa，平均破裂压力为

10.825MPa，该值大于其他 13 个试件的平均值 8.49MPa，说明矿物的充填对水力裂缝的起裂压力会造成影响，提高起裂的压力。

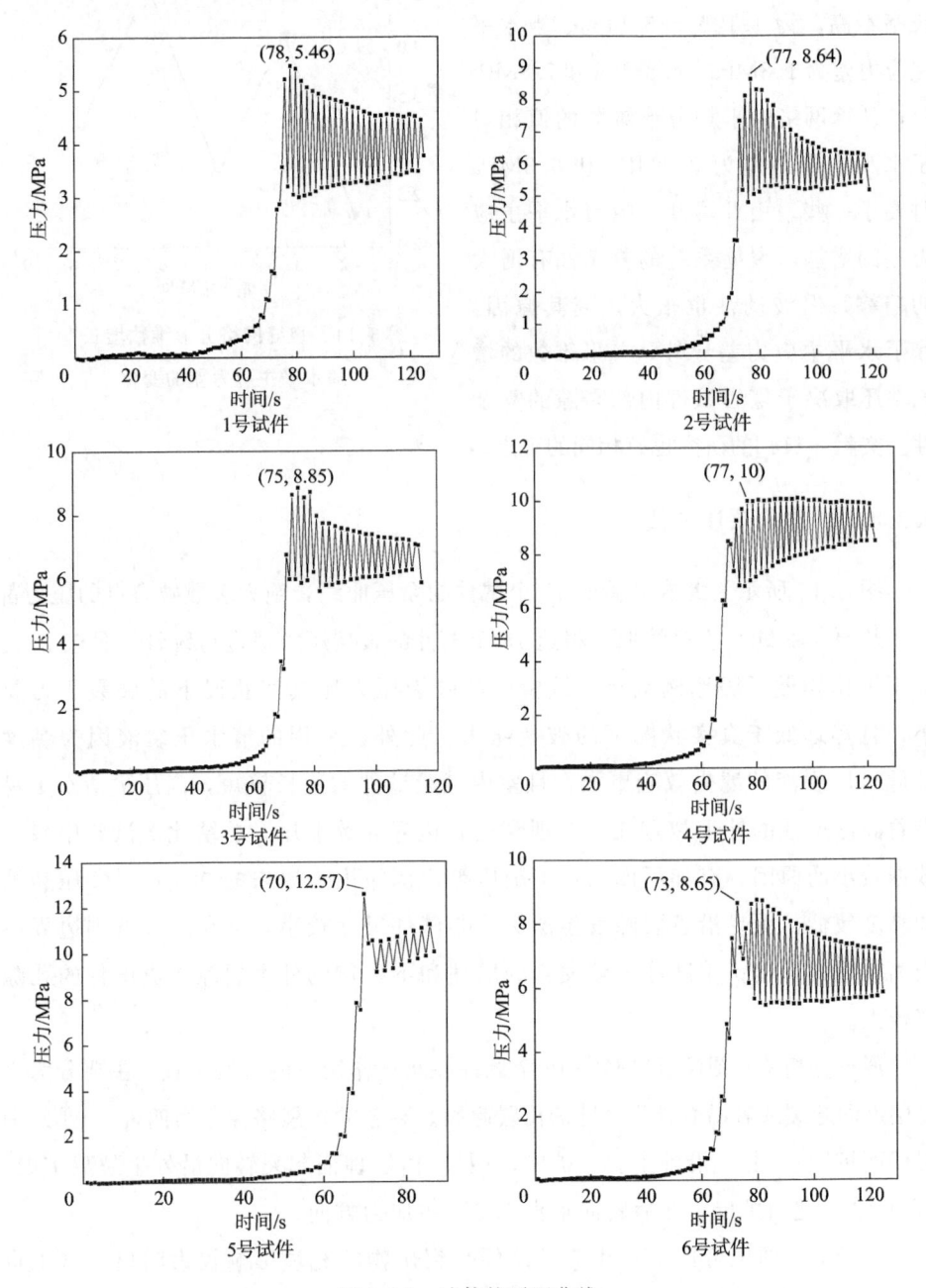

图 3.15　试件的泵压曲线

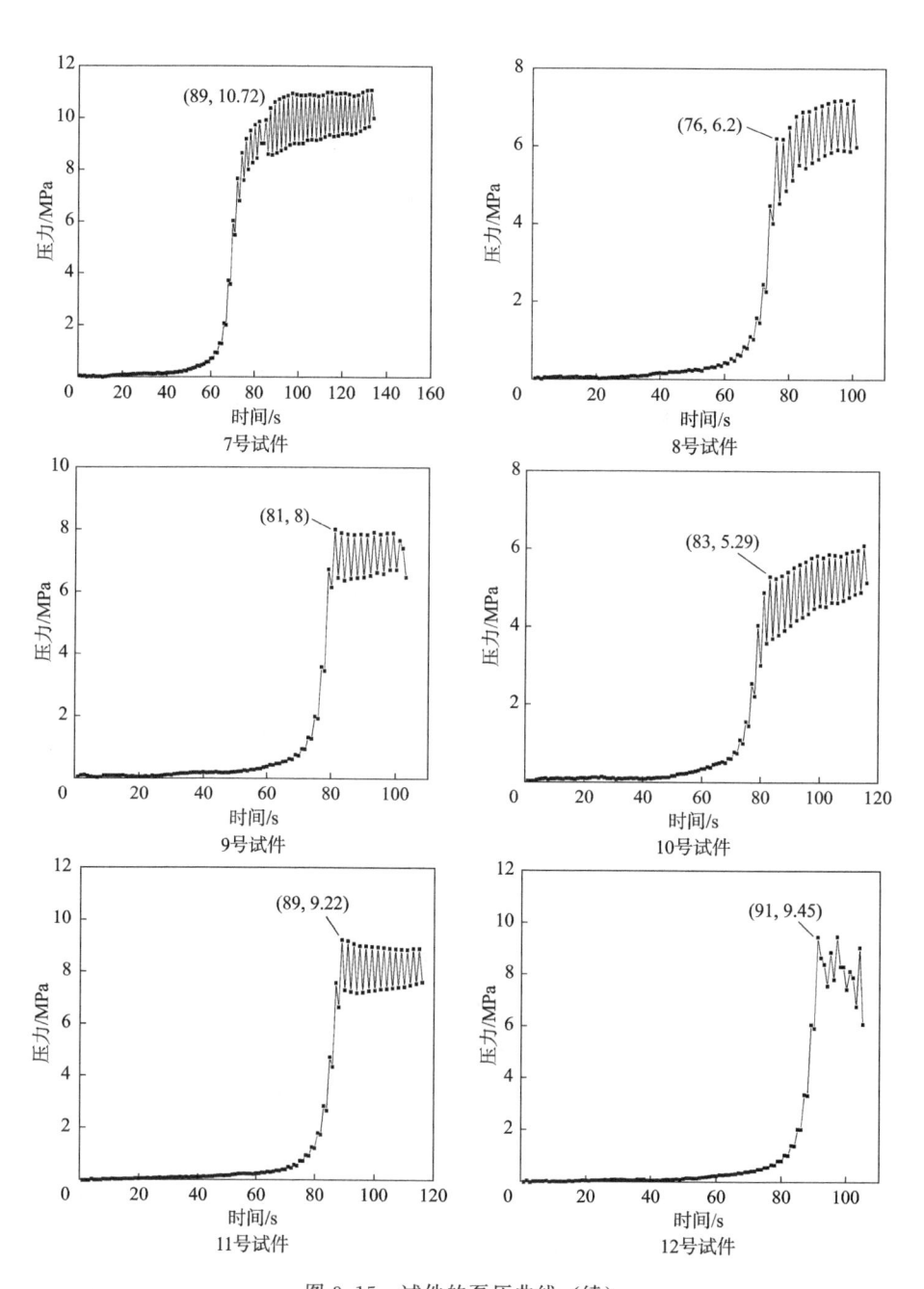

图 3.15 试件的泵压曲线（续）

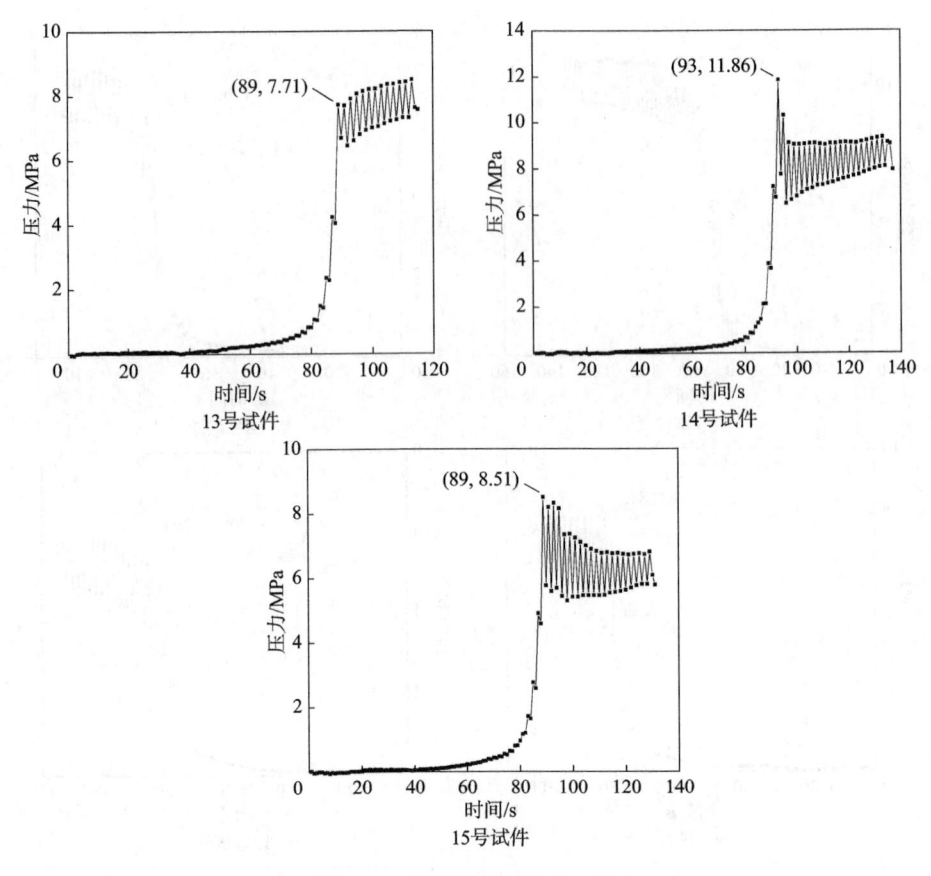

图 3.15 试件的泵压曲线（续）

表 3.4 试件的破裂压力统计

试件编号	破裂压力/MPa	起裂位置	扩展路径	备注
1	5.46	外生裂隙	Ⅱ	
2	8.64	层理	Ⅲ	
3	8.85	外生裂隙	Ⅱ	
4	10.00	外生裂隙	Ⅱ	矿物充填
5	12.57	层理	Ⅰ	
6	8.65	层理	Ⅰ	
7	11.65	层理	Ⅰ	矿物充填
8	6.20	外生裂隙	Ⅱ	

续表

试件编号	破裂压力/MPa	起裂位置	扩展路径	备注
9	8.00	外生裂隙	Ⅱ	
10	5.29	层理	Ⅲ	
11	9.22	层理	Ⅲ	
12	9.45	外生裂隙	Ⅱ	
13	7.71	层理	Ⅰ	
14	11.86	层理	Ⅲ	
15	8.51	层理	Ⅳ	

注：扩展路径中，Ⅰ为沿层理面扩展，Ⅱ为沿外生裂隙扩展，Ⅲ为由层理面起裂转向沿外生裂隙扩展，Ⅳ为沿层理面扩展，然后转向垂直于最小主应力方向。

对于没有受到矿物充填明显影响的13个试件，又可以分为沿着层理面起裂和沿着外生裂隙起裂两种类型。沿着层理面起裂的2号、5号、6号、10号、11号、13号、14号、15号试件的平均破裂压力为9.056MPa，沿着外生裂隙破裂的1号、3号、8号、9号、12号试件的平均破裂压力为7.592MPa。由此可知，沿着不同的结构面起裂的压力是不相同的，沿着层理面起裂的起裂强度要高于沿着外生裂隙的起裂强度。

由图3.15可见，试件的破裂与裂缝扩展经历了四个阶段：①注入点压强稳步上升阶段，该阶段历时60～80s；②压力急剧上升阶段，该阶段迅速达到破裂点；③压力曲线剧烈波动阶段，该阶段水力裂缝不断向前扩展。④当裂缝扩展到边界后，停泵，后续的泵压数据没有再继续监测。

8～15号试件虽然最小主应力依次减小，但是破裂压力没有受到明显的影响，这应该与不同试件内部结构不同有关。

3.4 深部地应力对裂缝扩展的影响

本试验15个试件中，前14个试件都没有发生裂缝的转向现象。随着水平最小主应力持续减小，在第15个试件中发生了裂缝沿层理面起裂并慢慢转向垂直于最小主应力方向的现象（图3.12），转向的水力裂缝没有经过层理或节理面。传统的水力裂缝理论均认为水力裂缝是沿垂直于最小主应力方向扩展的，这说明在煤储层中水平主应力差异系数 $k=(\sigma_H-\sigma_h)/\sigma_h$ 越大则主应力对水力裂缝的导向控制作用越强，水力裂缝越易于沿着最大水平主应力方向扩展，这一结论很多学者均已证明[116]。在本书试验中，仅仅在第 15 个试件的试验中发生了裂缝的转向扩展，经三维重构发现该试件的水力裂缝转向所在位置没有明显的裂隙赋存，即该转向不是由于试件内部的弱面结构引起的。此时 σ_H 为 15.3MPa，σ_h 为 7.5MPa，$\sigma_H - \sigma_h = 7.8$MPa，水平主应力差异系数 $k = (\sigma_H - \sigma_h)/\sigma_h = 1.04$。沁水盆地深部煤层气储层地应力分析如图 3.16 所示。

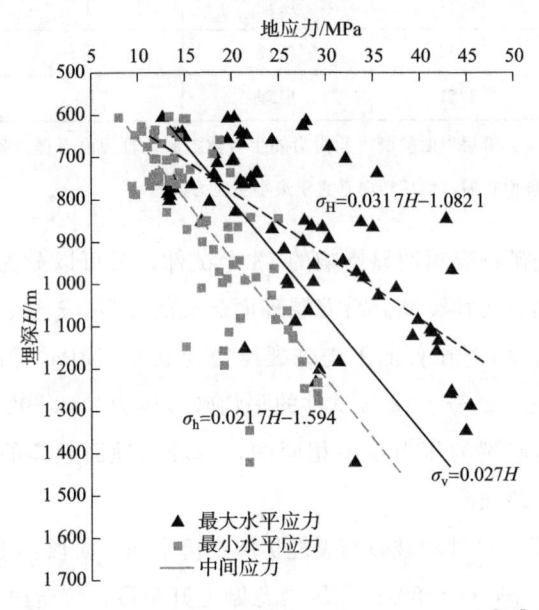

图 3.16　沁水盆地深部煤层气储层地应力分析[117]

1~7 号试件的应力环境为模拟 1 000m 埋深的应力环境，在该条件下水力裂缝完全没有转向最大水平主应力方向，而只沿着最弱的结构面扩展。依据应力与埋深的关系式，可以拟合出水平主应力差异系数 k 与埋深的关系（图 3.17）。随着埋深的增加，水平主应力差异系数逐渐减小，不能达到 1.04，故在深部地应力环境下最大水平主应力的导向作用不足，很难预测水力裂缝在煤储层中的扩展方向。此外，深部高应力条件下高黏度的压裂液在煤储层中延伸距离较短[118]。因此可以预测，采用直井压裂抽采煤层气的方法不宜用于深部煤层气的开发。

第 3 章　深部煤层气储层水力裂缝试验研究

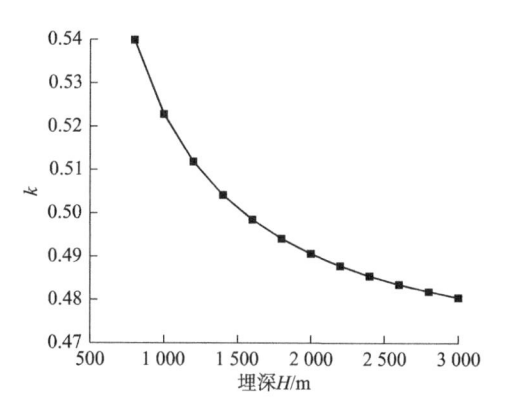

图 3.17　水平主应力差异系数 k 与埋深的关系

3.5　小　　结

本章考察了弱结构面和地应力对煤层水力压裂的耦合影响，开展了三轴水力压裂试验，并结合 CT 图像识别技术研究了煤储层层理和节理对水力裂缝萌生与扩展的影响。相关研究结果为进一步研究煤层气的增产增透提供了试验依据。本章主要结论如下：

1）基于 CT 和 MIMICS 图像三维重构技术可以清晰地提取出煤岩储层中的水力裂缝，并与原生裂缝进行区分和对比。

2）试验显示深部应力环境下煤岩中水力裂缝起裂沿着层理面居多（60%），其次为外生裂隙（40%），这与水力裂缝起裂与扩展的经典理论差距很大。

3）基于 CT 和图像三维重构技术可以解算出此次试验煤岩试件中离散层面裂隙的平均分布开度（0.095 mm）和外生裂隙的平均分布开度（0.194 mm），离散层面裂隙的平均分布开度小于外生裂隙的平均分布开度，这决定了外生裂隙和层理不同的强度性质、破裂能耗特性和起裂优先顺序。计算结果显示含有明显矿物充填的试件起裂和裂缝扩展过程中能量损耗会大幅增加。

4）压裂后煤岩试件的裂缝分形维数增长率为 1.12%～5.14%，随着水平主应力差的增大，水力裂缝的裂缝分形维数增长率有增大的趋势，但波动性也很大，这与煤岩试件内部裂隙的复杂程度相关。

第 4 章 煤储层水力压裂裂缝起裂与扩展规律

由前文可知，与基于均质体的理论模型的解算结果不同，煤储层中水力裂缝的扩展会受到连续分布的层理和随机分布的节理构造的双重影响，且层理和外生裂隙的分布具有非均匀性的特点，这对于水力裂缝在煤储层中的起裂和扩展影响较大，很难采用均质体的理论模型解释水力裂缝在煤储层中的起裂和扩展过程。同样，也不能以单一试件的试验结果指导煤储层整体的水力压裂过程研究。

本章将以煤储层的理论模型为基础，结合连续-非连续单元法，建立具有广泛指导意义的煤储层三维数值模型，通过解算三维模型探讨煤岩水力裂缝起裂和扩展的机理及各影响因素对水力裂缝扩展的影响。

4.1 数值模型的建立与参数设置

4.1.1 算法说明

GDEM 软件是由北京极道成然科技有限公司联合中国科学院力学研究所研发的具有自主知识产权的数值计算软件，该软件以连续-非连续单元法（continuum-discontinuum element method，CDEM）为核心算法。CDEM 算法的优势在于其结合了离散元算法和有限元算法两者的优点。CDEM 计算模型中有两个重要的基本模型，即块体模型和界面模型，块体用于表征材料的连续特征，块体间的接触面定义为界面，用来描述材料的非连续特征。界面指块体间的界面，代表块体间的弱面或潜在的断裂位置。块体间的连接采用接触弹簧连接，接触弹簧的连续断裂代表着模拟材料的断裂扩展过程。在含裂隙的岩体中，采用固体单元的方法计算连续介质场，通过存在于固体单元之间相邻表面上的断裂单元计算裂缝渗流场，可以实现在裂隙岩体中流固耦合的数值计算。目前该技术在国内外属于较为先进的技术。

（1）固体变形至破裂求解

CDEM模型中的块体可以分为一个或多个有限单元，通过赋值可以用来表征同一种材料。CDEM计算模型如图4.1所示，图中共包括7个块体，其中块体边界处（灰色界面）为真实界面，块体内部（黑色界面）为虚拟界面。

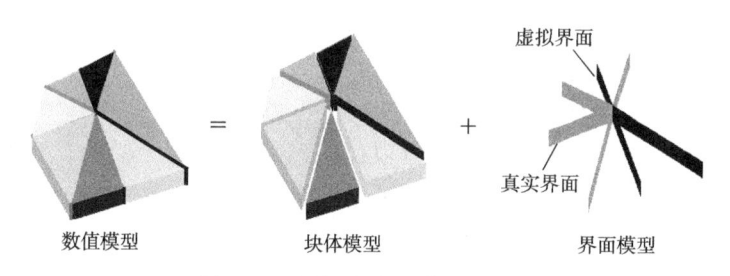

图4.1 连续-非连续单元示意图

在含裂隙的岩体中，流体可以沿着节理或裂缝深入岩体内部，因此在GDEM-HF3D中假设流体存在于岩石节理中，采用固体单元的方法计算连续介质场通过存在于固体单元之间相邻表面上的断裂单元的裂缝渗流场，可以实现在裂隙岩体中的流固耦合的数值计算。

（2）固体模块求解[119]

GDEM块体单元中的材料认为是连续性的均质体材料，为有限元。有限元的控制方程可表示为

$$M\ddot{u}^e + C\dot{u} + Ku^e = F^e \tag{4.1}$$

式中　M——总质量矩阵；

　　　C——阻尼矩阵；

　　　K——单元刚度矩阵；

　　　u^e——单元体位移矢量；

　　　F^e——单元受到的外力，包括固体压力和流体压力。

在时间域，采用欧拉正演差分法进行显式迭代求解，形式如下：

$$\begin{cases} \dot{u}^{n+1} = \dot{u}^n + \ddot{u}\Delta t \\ u^{n+1} = u^n + \dot{u}\Delta t \end{cases} \tag{4.2}$$

(3) 界面求解

块体内有限元之间的界面用来表征材料的不连续特性。相邻单元接触点的相对位移与弹簧力满足胡克定律：

$$\begin{cases} \Delta u_n = \dfrac{F_n}{K_n} = \dfrac{(\sigma_{n1}+\sigma_{n2})A}{2K_n} \\ \Delta u_\tau = \dfrac{F_\tau}{K_\tau} = \dfrac{(\sigma_{\tau1}+\sigma_{\tau2})A}{2K_\tau} \end{cases} \quad (4.3)$$

式中　Δu_n，Δu_τ——法向和切向相对位移；

　　　F_n，F_τ——法向力和切向力；

　　　σ_{n1}，σ_{n2}——接触点的正应力；

　　　$\sigma_{\tau1}$，$\sigma_{\tau2}$——接触点的切向应力；

　　　K_n，K_τ——弹簧的法向刚度和切向刚度；

　　　A——接触点的面积。

采用最大拉应力准则和莫尔-库仑准则作为材料的破坏准则。当接触点对的法向应力满足

$$\sigma_n \geqslant \sigma_\tau \quad (4.4)$$

时材料发生拉伸破坏，接触点对的法向力将被修改为 $F_n=0$。在式（4.4）中，σ_τ 为接触面抗拉强度。当接触点对的切向应力满足

$$\sigma_\tau \geqslant c + \sigma_n \tan\phi \quad (4.5)$$

时材料将遭受剪切破坏，接触点对的切向力将被修改为 $F_\tau = F_n\tan\phi$。

(4) 三维岩体流场-破裂耦合求解器

该求解器遵循以下假设：裂缝或节理的渗流以裂缝渗流为特征，并遵循立方定律。CDEM 中流固耦合思路如图 4.2 所示。

图 4.2　CDEM 算法的耦合思路

节理、裂隙单元中流体的流动将对其两侧的固体单元施加流体压力，相邻的固体单元将在流体压力和外部荷载的作用下张开和闭合。两固体单元间相对位移的变化将影响裂缝的开度。根据立方定律，裂隙开度的变化会引起流体压力的变化。

如图 4.3 所示，假设裂缝单元每个节点的流速为 q^F，那么每个节点的流体压力 P^F 可以由式（4.6）和式（4.7）给出。

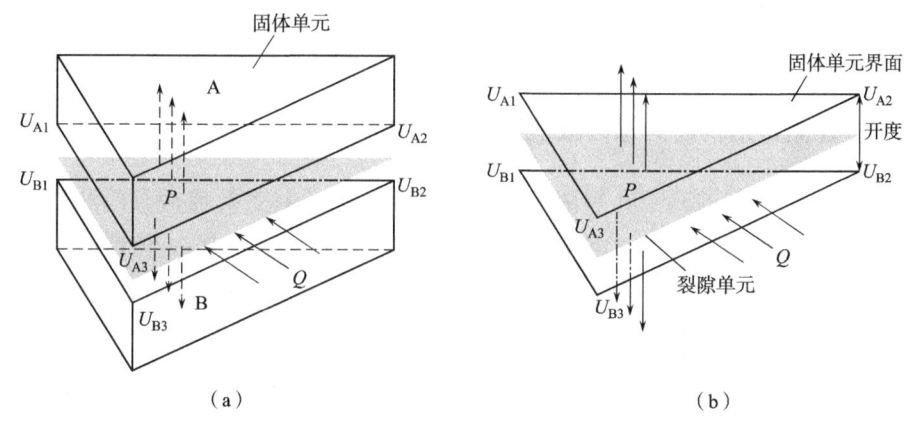

图 4.3　固体-裂隙耦合模型示意图

当节点的饱和度累积为 1 时，流体压力 P_p 可根据下式计算：

$$P_p = -\sum_{t=0}^{t}\left(k^E \cdot \frac{q^E + q_{app}}{nV} \cdot \Delta t\right) \quad (4.6)$$

则节点总压力可表示为

$$P^E = P_p - \overline{s^E}\rho_e(xg_x + yg_y + zg_z) \quad (4.7)$$

式中　ρ_e——流体密度；

g_x，g_y，g_z——重力加速度的整体分量；

x，y，z——节点整体坐标的三个分量；

$\overline{s^E}$——裂隙单元的饱和度。

将节点流体压力 P^F 作为边界条件代入固体连续场求体动力学方程，可以获得固体单元的节点位移（U_{Ai}，U_{Bi}，$i=1,2,3$），用来计算固体应力场和渗流场。裂隙开度 w_i 可以通过下式计算：

$$w_i = |\boldsymbol{U}_{Ai} - \boldsymbol{U}_{Bi}|, \quad i=1,2,3 \quad (4.8)$$

式中　$\boldsymbol{U}_{Ai}$——固体单元 A 上表面三个节点的坐标向量；

$\boldsymbol{U}_{Bi}$——固体单元 B 底面三个节点的坐标向量。

节点流体压力 P^F 可以通过方程（4.6）和方程（4.7）更新。

裂缝渗流计算满足立方定律：

$$q^T = -\frac{w^3}{12\mu_d} \cdot \frac{\Delta p}{l} \quad (4.9)$$

式中 q^T——流过裂隙的流量；

μ_d——流体动力黏度；

Δp——压力差；

l——裂隙长度。

4.1.2 建立含结构面的煤岩数值模型

煤岩层是典型的双重孔裂隙结构，煤岩体中的裂隙主要包括裂隙和基质孔隙。目前，常见的煤岩体双重孔隙度模型有三种：Warren-Root 模型、Kazemi 模型、De Swann 模型[120,121]。其中，Warren-Root 模型已较为广泛地用于构建煤层气储层数学模型和进行数值模拟，其简化结构如图 4.4 所示。

本章采用 CDEM 流固耦合算法模拟沁水盆地 15 号煤层的应力环境，模型尺寸为 100mm×100mm×100mm，与实验室试验试件的尺寸一致。依据 Warren-Root 模型简化结构并考虑试验试件的 CT 图像建模，如图 4.5(a) 所示，设置 4 组平行于底面的平面模拟煤岩体的层理面，设置相互垂直的两组外生裂隙平面模拟煤岩体中错综复杂的垂直于层面的裂隙。在数值计算中，上述层理和裂隙的厚度设置为 0，即不考虑

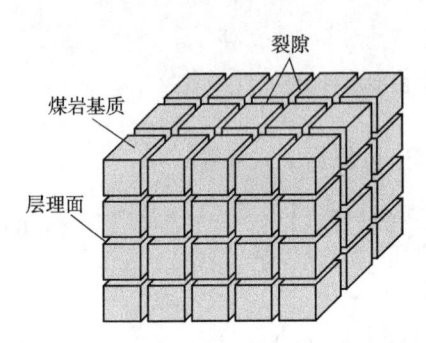

图 4.4 煤岩 Warren-Root 模型简化结构示意图[120]

裂隙的厚度。模型中层理、裂隙的数量依据 CT 图像统计平均值取整数设置。由于煤岩内部裂隙发育的复杂性，该模型仅能模拟宏观特征。建立该模型是为了分析水力裂缝在煤岩内部起裂和扩展过程中的剪切破坏行为和拉伸破坏行为并进行对比，并不代表数值计算的水力裂缝和试验结果一致。α 为外生裂隙的走向和最大水平主应力 σ_H 方向之间的夹角，分别设定 α 为 0°、22.5°、45°、67.5°、90°，则每组模型分为 5 个不同的模型。

模型的注入点一般位于模型体积中心附近的网格节点处，如图 4.5(b) 所示。

模型 X 方向加载最大水平主应力，Y 方向加载最小水平主应力，Z 方向加载垂向应力，应力大小选择沁水盆地 15 号煤层的应力值，具体数值见本书第 3 章表 3.1。

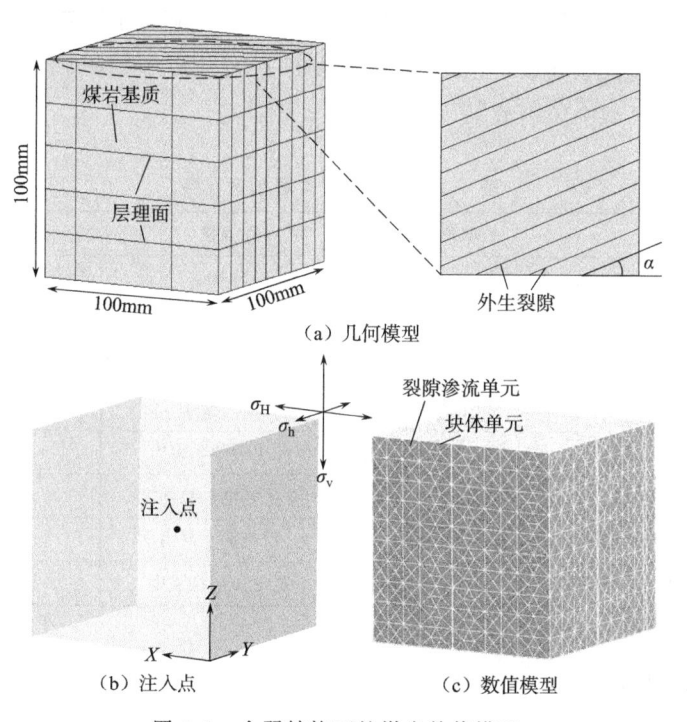

图 4.5 含弱结构面的煤岩数值模型

块体内部材料设置为均质参数，块体的边界渗流单元设置为离散单元，并采用弹簧连接块体单元，实现离散单元算法和连续-非连续算法的统一。该算法的缺点在于难以完全模拟煤岩体内部的复杂构造，仅仅是一种简化的算法。

4.1.3 模型参数选择

煤岩体力学性质的尺寸效应反映出试件的尺寸越小，裂隙越不发育，则力学性质越强；反之，煤岩体中弱面越发育，则力学性质越差。因此，在连续-非连续单元法的赋值过程中，单元内的线弹性模型参数应为较为均质的试验试件的力学参数，而弱面结构位置分别赋予不同的弱面试验参数。取试验过程中测得的力学性质的最大值作为煤岩基质的物理力学参数，取本书第 2 章中的测试值作为弱面的参数值。

注入点的选择分为两种情况。一是选择在模型的中心区域（0.05，0.05，0.05）附近的网格节点位置设置注入点，并确保注入点不在任何一个弱面上。此设置避免了弱面力学性质引起的起裂和扩展规律失真现象。二是选择在层理面上的节点位置设置注入点，该注入点仍接近模型的中心区域（0.05，0.05，0.05）。

本章参考了已有的关于沁水煤田 15 号煤层力学特性的研究成果，经过筛选得到表 4.1 中的模型参数，包括 15 号煤层的力学参数、孔隙特性等，并赋值于模型。在数值模型中压裂液采用清水。

表 4.1 水力裂缝扩展模型参数

参数	取值	参数	取值
密度	1 400kg/m³	黏聚力	3MPa
弹性模量	3.5GPa	内摩擦角	35°
泊松比	0.30	碎胀角	15°
渗透率	$1\times 10^{-3} \mu m^2$	注入流速	30mL/min
孔隙率	5%	外生裂隙黏聚力	0.5MPa
压裂液密度	980kg/m³	外生裂隙抗拉强度	0.5MPa
压裂液黏度	1×10^{-3} Pa·s	层理面黏聚力	1MPa
抗拉强度	2.05MPa	层理面抗拉强度	1MPa

4.1.4 模型验证

中国科学院力学研究所朱心广博士对采用 CDEM 的三维水力压裂数值模型进行了参数校准，基于径向水力压裂工程实例验证了流体驱动下裂缝的开度、长度等参数及裂缝形态的准确性[119]。建立如图 4.6(a) 所示的数值模型，该模型尺寸为 200m×200m×240m，共划分为 79 657 个四面体单元，其中图 4.6(b) 所示压裂面处网格平均尺寸为 3m。材料参数为：动力黏度 $\mu_d=1.67\times 10^{-2}$Pa·s，弹性模量 $E=20$GPa，抗拉强度 $\sigma_t=0.54$MPa。设置模型初始压应力为 10MPa，固定点源横流量加载 1 000s，流量值为 0.01m³/s，裂缝开度云图数值模拟结果如图 4.6(c) 所示，裂缝最终扩展半径为 52.87m，与 3DEC 模拟的结果［图 4.6(d)］相比误差仅为 0.4%。在压裂面中心位置沿水平方向设置一条水平线，计算完成后监测水平线上最终时刻的裂缝开度并绘制曲线，如图 4.6(e) 所示，由图可知，最大裂缝开度为 2.02mm，与文献 [119] 中近似解相比最大误差为 1.0%。结果表明，该计算方法能够准确刻画水力压裂作用下的裂缝形态。同时，文献 [119] 中还进行了层状页岩水力压裂模拟，建立了与试验试块参数和应力路径相同的 CDEM 模型进行模拟，模拟结果和试验结果出现了相同的断口形貌，且模型注入点的孔隙压力曲线和试验结果较为吻合。上述两种模型验证了本节采用的数值方法的有效性。

(a）数值模型

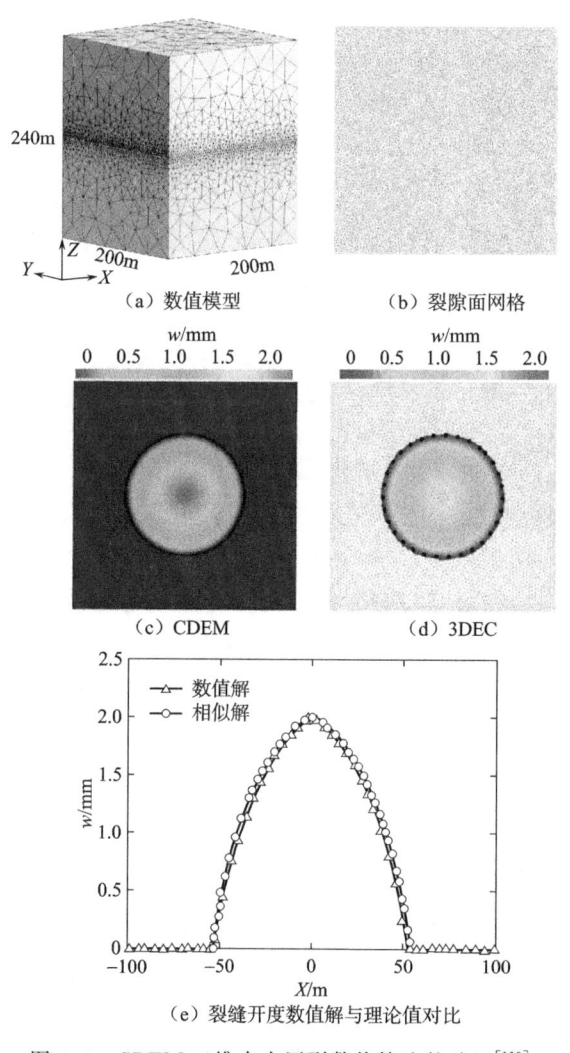

(b）裂隙面网格

(c）CDEM

(d）3DEC

(e）裂缝开度数值解与理论值对比

图 4.6　CDEM 三维水力压裂数值算法的验证[119]

4.2　模　拟　结　果

4.2.1　外生裂隙对裂缝扩展的影响

注入点的位置对水力裂缝的起裂和扩展具有重要影响。当设置的注入点不在层理弱面位置时，水力裂缝的起裂和扩展如图 4.7 所示，图中所示为水力裂缝在 XY 平面的俯视图。

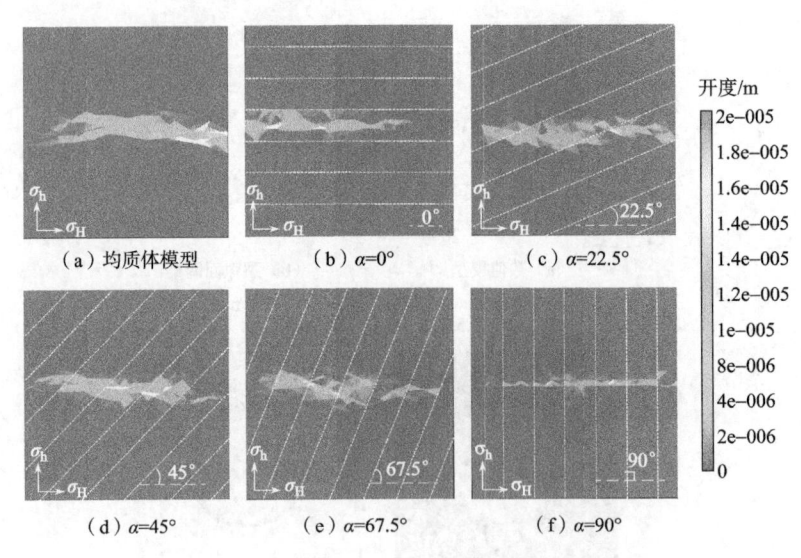

图 4.7 含外生裂隙储层水力裂缝扩展形态

由图 4.7 可见，由于地应力和主应力差较大，在平面上裂缝扩展的主要方向为最大主应力的加载方向。图 4.7(a) 所示为均质体模型水力裂缝的扩展方向，与理论值的方向是相同的。图 4.7(b) 所示为外生裂隙平行于最大主应力方向时水力裂缝的扩展裂缝在设置的两条外生裂隙中沿着最大主应力的方向扩展，部分水力裂缝到达了外生裂隙的两个边界。图 4.7(c～e) 所示为外生裂隙与最大主应力方向之间夹角 α 为 22.5°、45°、67.5°时水力裂缝扩展的情形。上述三种情况下，水力裂缝均沿着主应力方向扩展，但在穿越外生裂隙时均先沿着外生裂隙扩展一定距离，再沿着外生裂隙的某一个位置穿过外生裂隙。图 4.7(f) 所示为外生裂隙与最大主应力方向之间夹角为 90°时水力裂缝垂直于外生裂隙的方向扩展，此时水力裂缝不沿着外生裂隙扩展，水力裂缝的宽度较小。如图 4.7 所示，由于地应力差值较大，裂隙的扩展明显受到地应力和外生裂隙的双重作用，且此时地应力的作用大于外生裂隙的作用。从图 4.7(e) 中也可以看出，外生裂隙对水力裂缝的扩展也有影响，但整体上影响较小，说明弱结构面对层理的影响与其力学性质相关。一般而言，结构面的力学强度越低，对裂隙扩展的影响越大。

模拟发现，注入点的位置避开层理所在平面后，水力裂缝的扩展主要受到外生裂隙的影响。由图 4.8 可以看出，水力裂缝在扩展过程中会发生明显的剪切破坏和拉伸破坏。拉伸破坏发生在裂纹的中部，剪切破坏发生在主裂纹的边缘。外生裂隙与最大主应力存在夹角时会对水力裂缝的扩展方式产生较为明显的影响。图4.8(c～e)所示为外生裂隙与最大主应力方向夹角分别为22.5°、45°、67.5°时模型的破坏状态，可见裂缝扩展路径较为曲折。图4.8(a，b，f)所示为均质体模型或者外生裂隙与最大主应力方向夹角分别为0°、90°时模型的破坏状态，破坏主要集中于外生裂隙的中部，且裂缝路径较为平直。在 $\alpha=45°$ 和 $\alpha=67.5°$ 时模型的剪切路径转向最明显，说明在 $45°\leqslant\alpha\leqslant67.5°$ 这个角度区间内水力裂缝受到外生裂隙的影响最大。剪切破坏集中发生在裂缝的中部，拉伸破坏分布在分支裂缝的尖端。水力裂缝从一个弱面位置扩展到另一个弱面位置，必然会发生剪切破坏。确切地说，当水力裂缝在延伸过程中不能通过拉伸破坏扩展时，会通过剪切破坏向前扩展。当弱面位置和最大水平主应力的夹角较大时（如大于或等于45°时），两个平行弱面之间存在较多的与弱面近乎垂直的剪切裂缝。

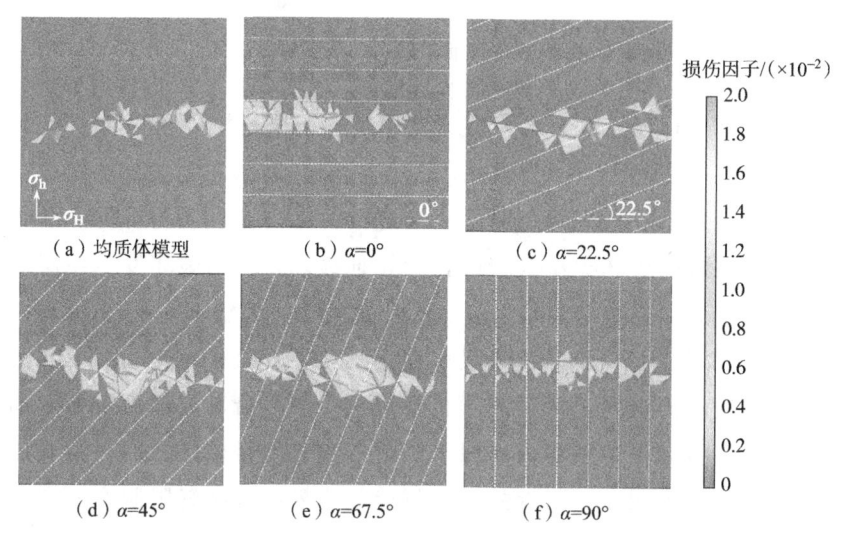

图4.8　含外生裂隙储层水力裂缝扩展中模型的破坏状态

4.2.2　层理面对裂缝扩展的影响

在水力压裂数值模拟解算过程中，通常情况下水力裂缝的扩展面都是垂直于最小主应力方向的，但是当模型中存在弱结构面，且结构面的力学强度远小于基质的力学强度时，水力裂缝可能会沿着层理面的方向扩展。将压裂液注入点设置在层理面位置处，注入点的坐标为（0.056，0.0525，0.04），模型的三向应力设置为1000m深处的三向应力。图4.9所示为水力裂缝在层理面内扩展的图像，这与第3章节中水力裂缝有60%沿着层理面扩展的情形是对应的。

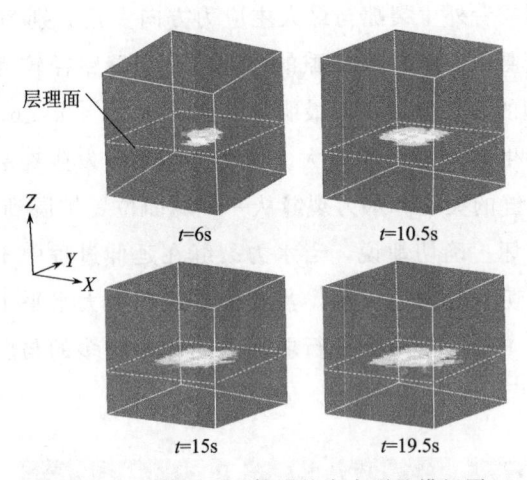

图4.9 沿着层理面扩展的水力裂缝模拟图

当注入点在层理面上时，水力裂缝沿着层理面快速扩展。图4.10(a)所示为水力裂缝的一个切面图。作为对比，图4.10(b)展示的是注入点在两个层理面之间，即注入点不在层理面上时水力裂缝的扩展形态。对比可见，沿着层理面扩展的水力裂缝的破坏类型为较明显的拉伸破坏，剪切破坏发生在层面附近的面积也较小。图4.10(a)中注入点在层面位置，裂缝面平行于层理面，而图4.10(b)中水力裂缝平面垂直于最小主应力方向。由图4.10可见，水力裂缝沿着层理面扩展时损伤因子的云图颜色值较低，而不沿着层理面扩展时损伤因子存在较多的红色云图，表明损伤因子中剪切破坏因子较大，即不沿着层理面扩展时剪切破坏较为明显；两者的水力裂缝的边界部位裂缝限制在两层理面之间，拉伸破坏明显。

根据解算的结果，如图4.11(a)所示，与不沿着层理面扩展相比，沿着层理面扩展时模型的拉伸损伤因子增大约2.7倍；如图4.11(b)所示，与不沿着层理面扩展相比，沿着层理面扩展时模型的剪切损伤因子减小约33.41%。

如图4.11所示，沿层理面扩展时拉伸损伤因子明显增大，说明沿着弱层理面拉伸断裂破坏增多；沿层理面扩展时剪切损伤因子明显较小，说明沿着弱面结构扩展的能量损耗较低。层理面方向与最大主应力方向的夹角较小的情况下，当存在弱胶结的层理面，水力裂缝是可以沿着层理面扩展的，试验中也存在这样的结果。

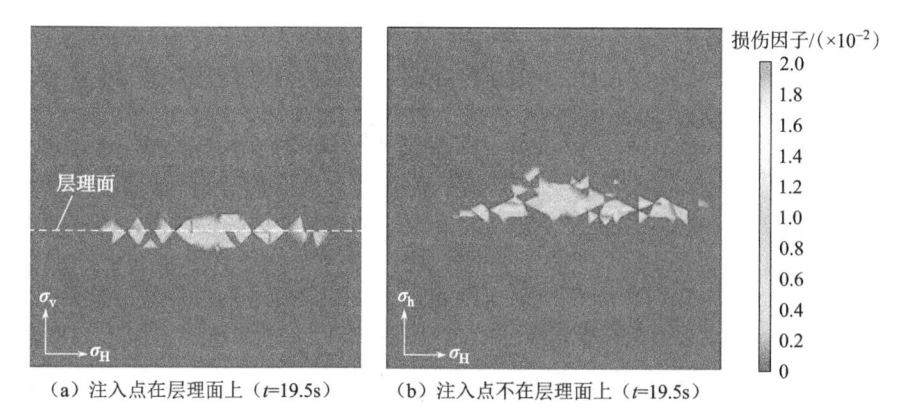

（a）注入点在层理面上（t=19.5s)　　（b）注入点不在层理面上（t=19.5s)

图 4.10　注入点是否在层理面上裂缝的扩展形态及断裂方式对比

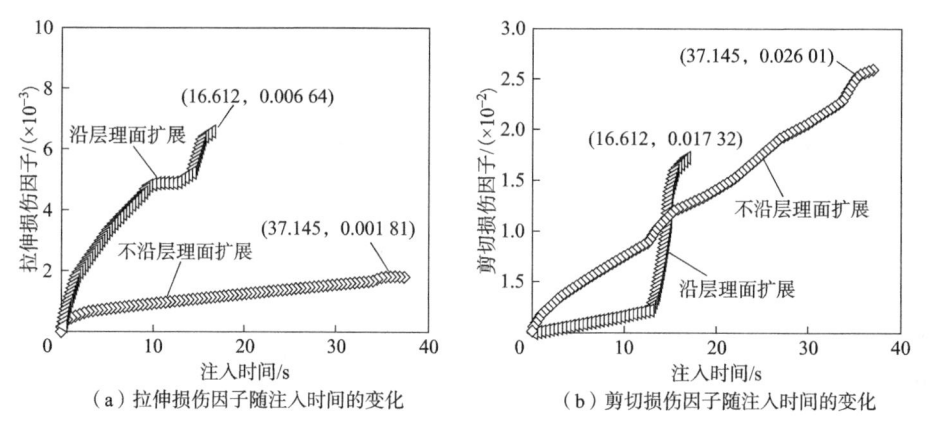

（a）拉伸损伤因子随注入时间的变化　　（b）剪切损伤因子随注入时间的变化

图 4.11　弱面扩展导致的拉伸和剪切损伤因子变化

4.2.3　最小主应力对裂缝扩展的影响

模型选用外生裂隙与最大主应力夹角为 45°，设置最小主应力分别为 2MPa、8MPa、14MPa、20MPa，主应力差设置为 6MPa，中间主应力与最小主应力差值设置为 1MPa，得到不同最小主应力条件下的破裂压力曲线，如图 4.12 所示。经数值计算可以得出，增大最小主应力，破裂压力和在相同时间内（起裂后 6s 内）消耗的能量近似于线性增大（图 4.13）。

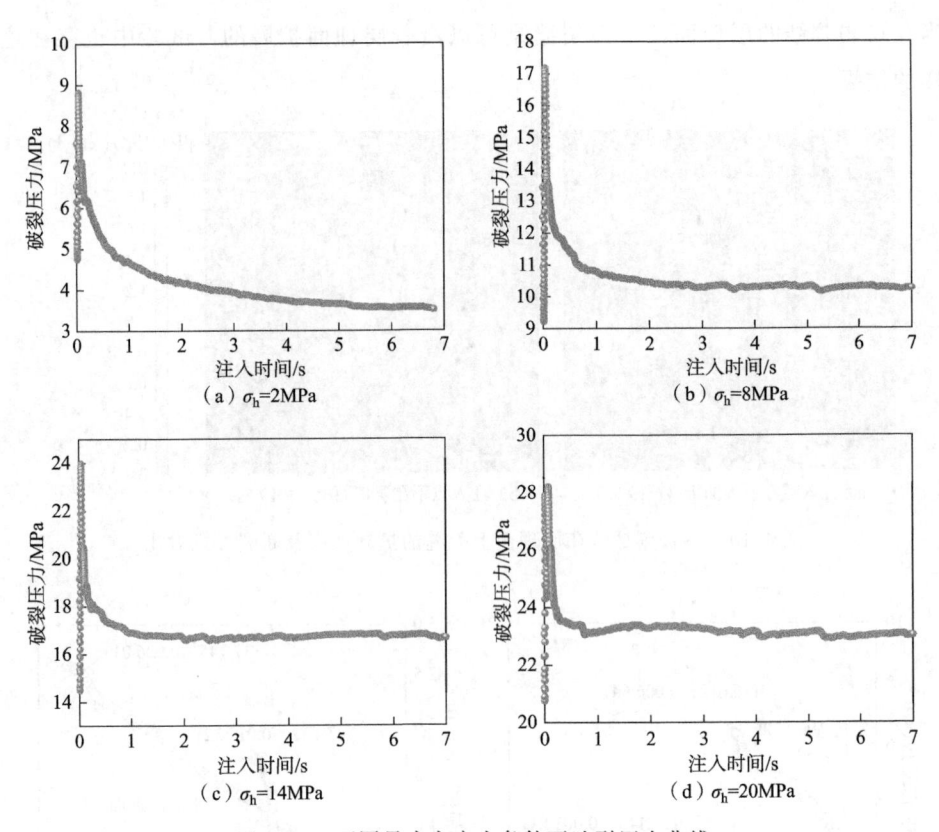

图4.12 不同最小主应力条件下破裂压力曲线

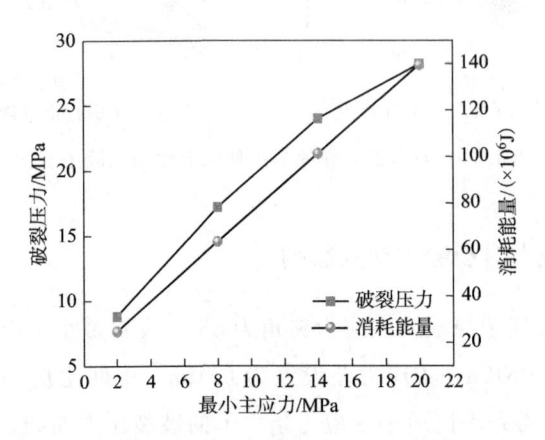

图4.13 最小主应力与破裂压力和消耗能量的关系

4.3 煤储层水力裂缝起裂与扩展规律

4.3.1 水力裂缝起裂和扩展过程中的力学原理和破裂方式对比

1. 裂缝起裂过程中的力学原理

对图 4.11 对应的含外生裂隙煤岩水力裂缝破裂形态进行定量分析。在 CDEM 算法中平均损伤因子 F_A 分为平均拉伸损伤因子 F_{AT} 与平均剪切损伤因子 F_{AC}，表达式如下：

$$F_{AT} = 1 - \frac{\sigma_t}{\sigma_{t(0)}} \tag{4.10}$$

$$F_{AC} = 1 - \frac{C}{C_{(0)}} \tag{4.11}$$

式中　σ_t——当前时刻的拉伸应力；

$\sigma_{t(0)}$——界面的抗拉强度；

C——当前时刻的黏聚力；

C_0——界面的黏聚力。

根据软件解算的结果，5 种角度（0°、22.5°、45°、67.5°、90°）断裂损伤情况下平均剪切损伤因子都远大于平均拉伸损伤因子，说明在水力裂缝扩展过程中主要发生的是剪切破坏。而在起裂的瞬间，如图 4.14～图 4.18 所示，在大约 0.05s 的极短时间内模型的破坏形式以拉伸破坏为主，随后剪切损伤因子增大较快，拉伸损伤因子在裂缝扩展过程中缓慢增大。

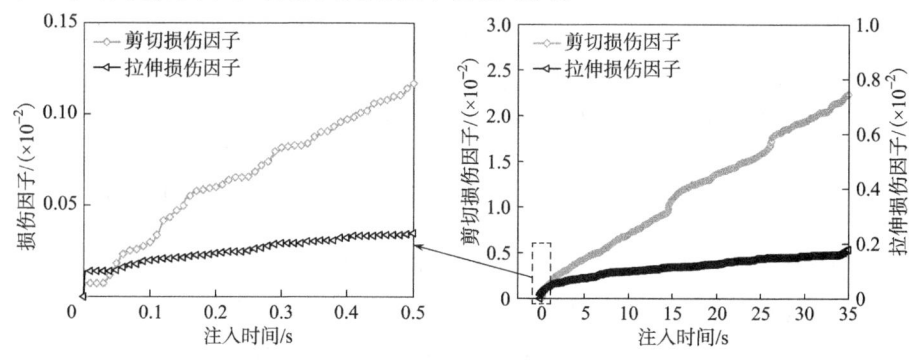

图 4.14　最大主应力与外生裂隙方向夹角为 0°时的断裂损伤因子对比

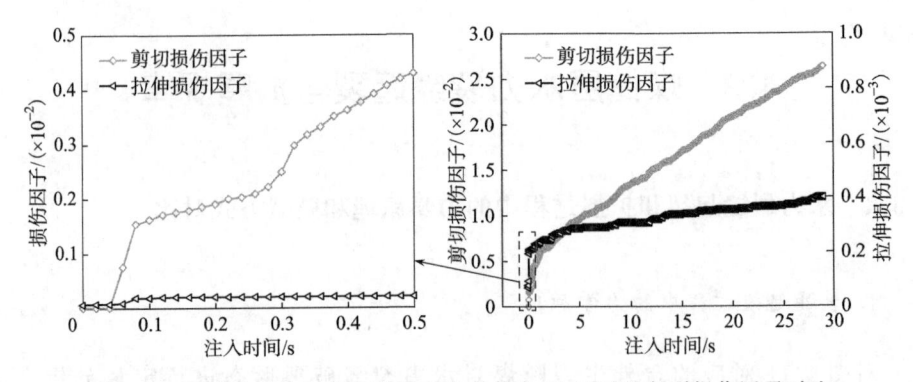

图 4.15　最大主应力与外生裂隙方向夹角为 22.5°时的断裂损伤因子对比

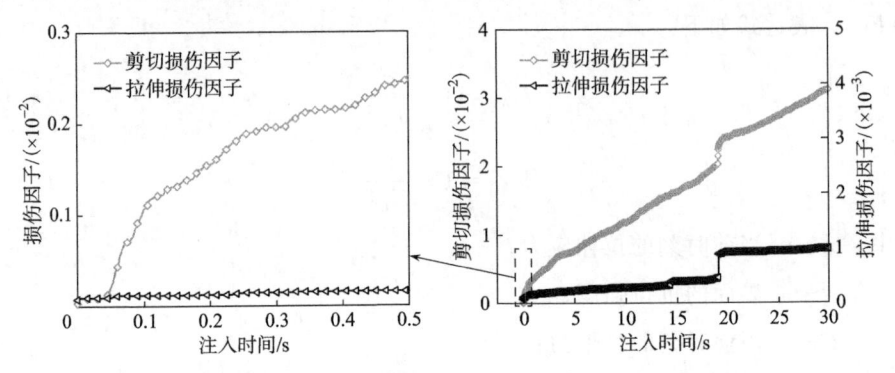

图 4.16　最大主应力与外生裂隙方向夹角为 45°时的断裂损伤因子对比

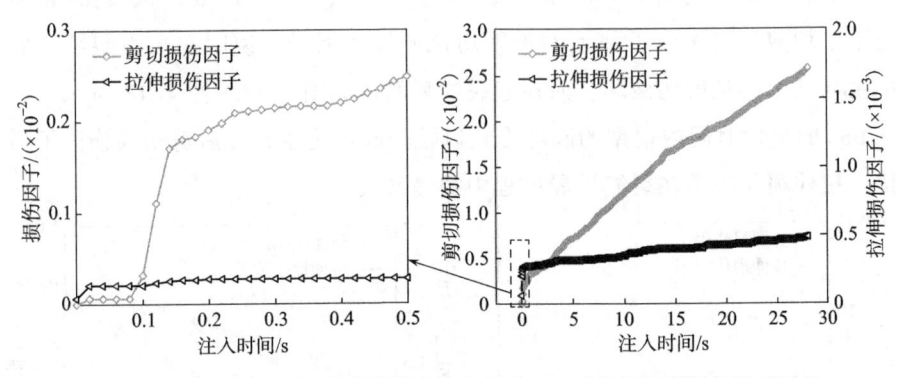

图 4.17　最大主应力与外生裂隙方向夹角为 67.5°时的断裂损伤因子对比

剪切损伤因子随着 α 的增大有先增大后减小的趋势 [图 4.19(a)]，而拉伸损伤因子随着 α 的增大规律不明显，但其数值远远小于剪切损伤因子，0°时拉伸损伤因子数值最大，说明沿着平行于层理面的方向拉伸破坏较多 [图 4.19(b)]。

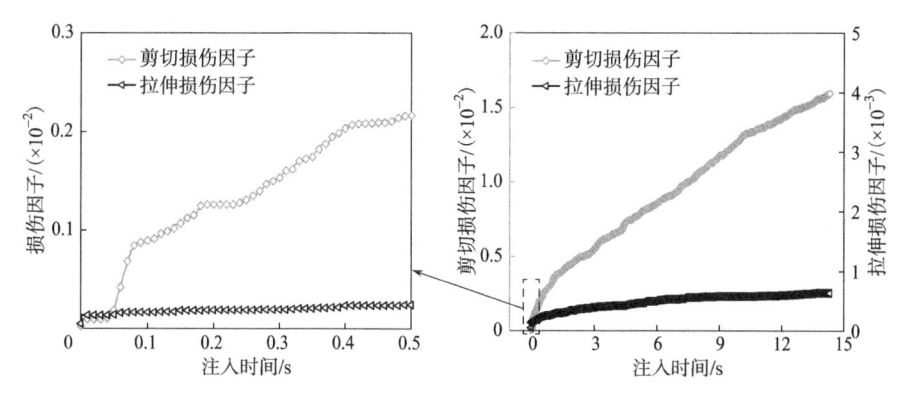

图 4.18 最大主应力与外生裂隙方向夹角为 90°时的断裂损伤因子对比

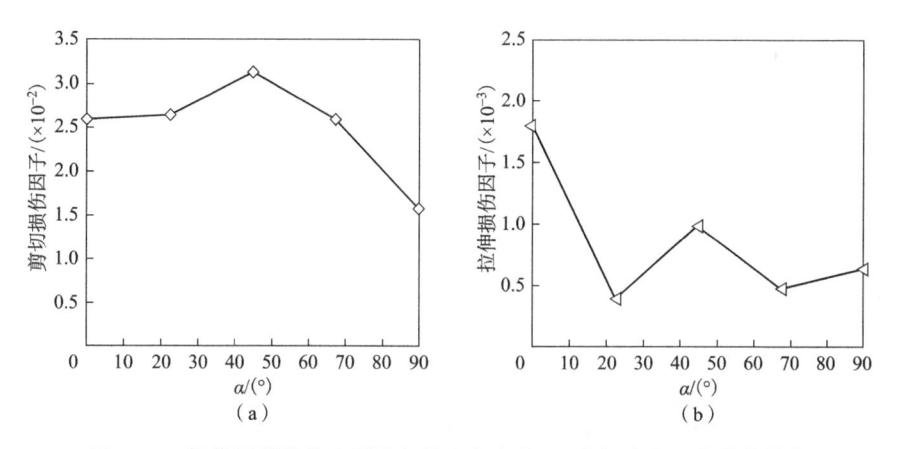

图 4.19 损伤因子随外生裂隙与最大主应力 σ_H 之间夹角 α 变化的趋势

研究结果显示，水力裂缝在起裂过程中主要出现张拉破坏，其是在一瞬间完成的，时间约为 0.05s。

在经典的弹性力学理论中，将水力压裂圆孔模型设置在一个无限大的平板上，如图 4.20 所示。根据弹性力学理论可知，在水平应力 σ_1 和 σ_3 的作用下，小孔圆周的应力分布如下[123,124]：

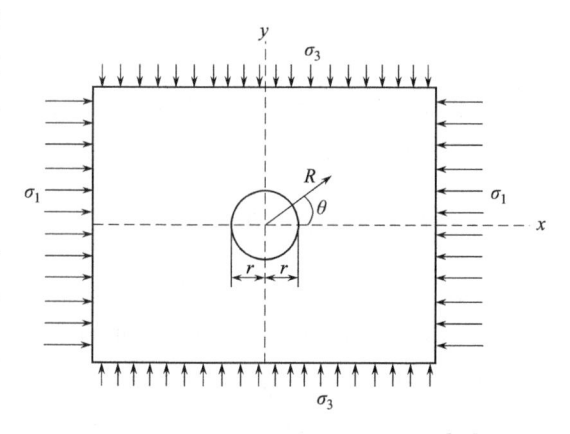

图 4.20 水力致裂钻孔受力示意图[122]

$$\begin{cases} \sigma_r = \frac{1}{2}(\sigma_3+\sigma_1)\left(1-\frac{R^2}{r^2}\right)+\frac{1}{2}(\sigma_3-\sigma_1)\left(1-\frac{4R^2}{r^2}+\frac{3R^4}{r^4}\right)\cos2\theta \\ \sigma_\theta = \frac{1}{2}(\sigma_3+\sigma_1)\left(1+\frac{R^2}{r^2}\right)-\frac{1}{2}(\sigma_3-\sigma_1)\left(1+\frac{3R^4}{r^4}\right)\cos2\theta \\ \tau_{r\theta} = -\frac{1}{2}(\sigma_3-\sigma_1)\left(1+\frac{2R^2}{r^2}-\frac{3R^4}{r^4}\right)\sin2\theta \end{cases} \quad (4.12)$$

式中 σ_1，σ_3——水平应力；

r——钻孔半径；

R——极坐标半径；

θ——极坐标的角度。

由式（4.12）可知，当水平应力 σ_1 和 σ_3 及孔径 r 一定时，围岩中的应力分量是 R 和 θ 的函数，当 $R=r$ 时，式（4.12）为孔壁压力计算公式，即

$$\begin{cases} \sigma_r = 0 \\ \sigma_\theta = (\sigma_1+\sigma_3)-2(\sigma_3-\sigma_1)\cos2\theta \\ \tau_{r\theta} = 0 \end{cases} \quad (4.13)$$

由式（4.13）可知，在围岩的孔壁上，压力中仅有切向应力，且大小与角度有关，当 $\theta=0°$ 或者 $\theta=180°$ 时，切向应力达到最小值：

$$\sigma_{\theta\min} = 3\sigma_1-\sigma_3 \quad (4.14)$$

当孔内的液体压力增大时，若液体的压力超过孔壁上应力最薄弱位置的抗拉强度，孔壁会发生破裂，即在 $\theta=0°$ 或者 $\theta=180°$ 的位置最易发生破裂。使得孔壁发生破裂的压力称为临界破裂压力 P_b，其等于应力集中值 $3\sigma_3-\sigma_1$ 和岩石的抗拉强度 T 之和。

$$P_b = 3\sigma_1-\sigma_3+T \quad (4.15)$$

基于张拉破裂准则预测的起裂压力比用其他破裂准则所得的起裂压力精确度更高，因此在水力压裂设计中多采用张拉破裂准则预测水力裂缝起裂压力[125]。

2. 裂缝扩展过程中的力学原理

根据模型计算的结果，起裂瞬间拉伸损伤因子仅仅在极小的时间范围内大于剪切损伤因子，而在后续的裂缝扩展过程中，破裂均以剪切破坏为主，即便存在水力裂缝沿着弱结构面扩展的情形，破坏的主要形式依然是剪切破坏。

图 4.21(a) 所示为裂缝扩展的原理图，裂缝扩展时水力裂缝的尖端形成黏滞区，黏滞区中裂缝尖端的两侧为剪切应力增高区，由于裂缝两侧的剪切应力

方向相反，该区域材料发生破裂。图 4.21(b) 所示为 CDEM 模拟的水力裂缝，图 4.21(c) 所示为裂隙两侧基质中固体单元的剪应力云图，由图可见在裂缝的两端分别出现了剪切应力增高区。剪切应力增高区两侧的剪应力方向也是相反的，方向相反的应力造成了裂缝尖端网格界面裂缝的增大和节点连接弹簧的断裂，随着压裂液持续注入，裂缝不断向前扩展。

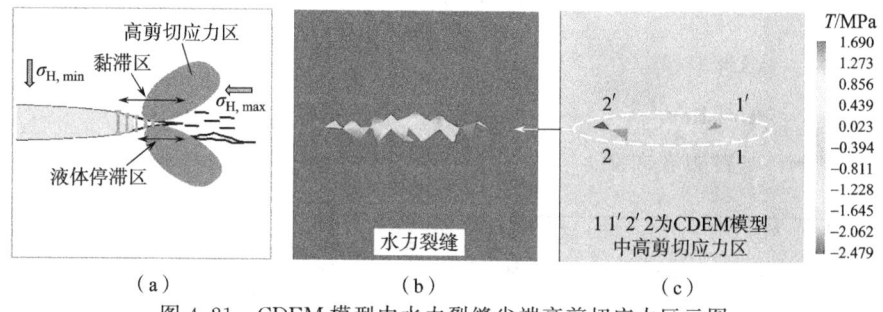

图 4.21　CDEM 模型中水力裂缝尖端高剪切应力区云图

图 4.22 所示为模型在最小主应力为 20MPa，且最大主应力和中间主应力及最小主应力差值分别为 1MPa 和 2MPa 时水力裂缝在水平切面上的剪应力云图。从图中可以看出，在尚未形成水力裂缝时，水平切面上的剪应力云图没有明显的剪应力增高区域（$t=0$s）；随着注液的进行，裂缝位置出现明显的剪应力增高区，该区域分布在裂缝尖端的两侧，方向相反，造成了裂缝尖端部位剪切破坏的持续进行，如在 $t=6$s 和 $t=12$s 时；当裂缝扩展到一定阶段后，由于缝长的原因，尖端部位的水压逐渐减小，此时裂缝尖端两侧的剪应力慢慢减小。

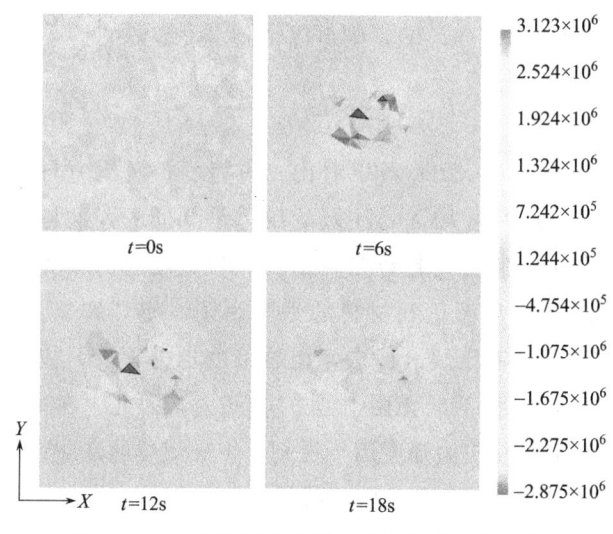

图 4.22　水力裂缝在水平切面上的剪应力云图

由以格里菲斯强度为基础的断裂力学理论可知,将垂直水力裂缝简化为无限大岩层平板中存在Ⅰ型穿透性裂缝,而且裂缝高度为$2l$,如图4.23所示。当裂缝尖端应力强度因子K_I达到岩石的断裂韧度K_{Ic}时,裂缝开始扩展。K_{Ic}可以表示为

$$K_{Ic} = \sqrt{\frac{2E\gamma}{1-\mu^2}} \tag{4.16}$$

式中　E——弹性模量;

　　　μ——泊松比;

　　　γ——材料的表面能。

根据断裂力学的基本理论,图4.23所示的格里菲斯裂纹(相当于垂直裂缝)应力强度因子可表示为[126]

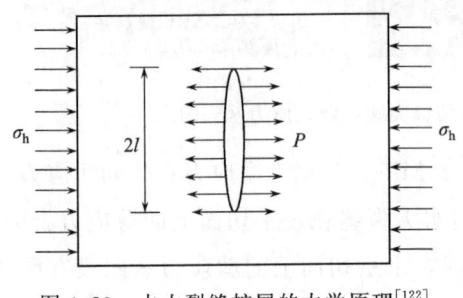

$$K_I = (P - \sigma_h)\sqrt{\pi l} \tag{4.17}$$

图4.23　水力裂缝扩展的力学原理[122]

将式(4.16)和式(4.17)联立即可求解出垂直裂缝的扩展压力为

$$P = \sigma_h + \sqrt{\frac{2E\gamma}{\pi l(1-\mu^2)}} \tag{4.18}$$

同样,对于半径为R的圆盘型的Ⅰ型裂纹(相当于水平缝),则

$$K_I = \frac{2}{\pi}(P - \sigma_h)\sqrt{\pi R} \tag{4.19}$$

联合式(4.17)和式(4.19),则可以得到水平裂缝的扩展压力为

$$P = \sigma_h + \sqrt{\frac{\pi E\gamma}{2R(1-\mu^2)}} \tag{4.20}$$

从式(4.18)和式(4.20)可以看出,裂缝的扩展压力与裂缝尺寸的二次方根成反比,故随裂缝尺寸增大,注液的压力是降低的,这与常见的试验或模拟的压裂注入压力曲线的变化趋势是一致的。裂隙压力的增大也会使得压裂液的应力强度因子增大,从而达到材料的强度因子,使其破裂。当裂隙过长时,由于压裂液遇到阻力或者压裂液滤失,压裂液的压力下降,应力强度减小,故当注入压力不变时,裂隙不能无限制地扩展下去。因此,在工程施工过程中,提高压裂液的压力可以使应力强度因子提高,突破煤层的断裂韧度而使其破裂。

图4.24所示为与图4.23相对应的材料位移云图,当裂缝开始扩展后,裂缝两侧形成一个较强的位移云图空间,裂缝两侧的位移方向相反,裂缝形成。该

过程与上述尖端两侧的剪应力引起材料两侧的剪切破坏形成裂缝的扩展是对应的。

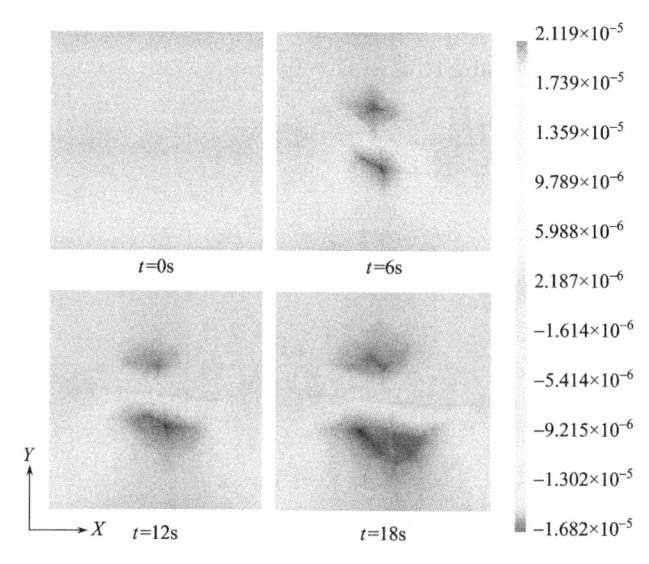

图 4.24 水力裂缝扩展过程中水平切面上的位移云图

4.3.2 能量最小扩展原理

根据阳友奎等的研究，水力压裂过程中系统能量的改变等于压裂液注入过程中所做的功，包括两部分，一部分能量以可逆的弹性应变能形式储存，另一部分则为系统的不可逆变化所吸收[127]。

在此次实验过程中，当三向应力加载完毕后，压裂液注入压穿试件的过程中弹性应变能经历着从增加到破裂释放的过程，这个过程中压裂系统可恢复的应变能 $\Delta E_r = 0$，其中 ΔE_r 包括试块的弹性应变能和压裂液中存储的弹性应变能。在一较小的时间步长 Δt 内，压裂液提供的能量为

$$\Delta E = P_0 \Delta V \tag{4.21}$$

式中 P_0——Δt 内的平均注液压力；

ΔV——Δt 内注入压裂液的体积。

P_0 和 Δt 都是可以直接测得的，因此可以通过上式解算试件从注液到液体压穿过程中的能量损耗。

对一椭圆形裂缝，假设其内部均匀受压，根据弹性解可计算出裂纹张开引起的弹性应变能变化，则此时的能量平衡方程可表示为

$$P_0\Delta V=(U_2-U_1)+2\gamma\Delta A \qquad (4.22)$$

式中 U_1，U_2——时刻 t 和 $t+\Delta t$ 的裂纹张开能；

γ——岩石的比表面能；

ΔA——两时刻间裂纹面积的变化量。

将椭圆形水力裂缝的面积 $A=\pi ab$ 代入式（4.22），t 为从注液到压穿的全过程时长，可以得出裂纹张开能 U 为

$$U=\frac{4(1-\mu^2)AbP_0^2}{3E(k)E} \qquad (4.23)$$

此时能量平衡方程可改写为

$$P_0\Delta V=\left[\frac{4(1-\mu^2)bP^2}{3E(k)E}+2\gamma\right]\cdot\Delta A \qquad (4.24)$$

以上式中 $E(k)$——第 2 类全椭圆积分；

a，b——椭圆裂纹的长轴和短轴；

E，μ——煤岩的弹性模量和泊松比。

上式可说明，在水力压裂实验中，水的注入引起的试件能量的增加消耗于裂缝的起裂和扩展，该部分耗散能量与裂缝面积成正比。如图 4.25 所示，将总的耗散能量按照起裂和扩展两个阶段分配，可以得出起裂和扩展过程中能量的耗散方程为

$$P_0\Delta V=Q_1+Q_2 \qquad (4.25)$$

式中 Q_1——起裂阶段消耗的能量；

Q_2——扩展阶段消耗的能量。

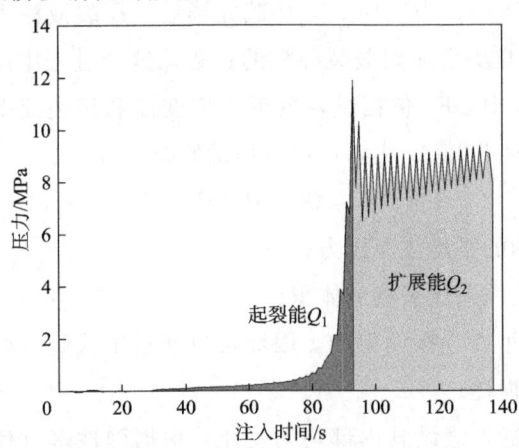

图 4.25 单位体积压裂液水力裂缝起裂和扩展耗散能示意图

Q_1 和 Q_2 理论上和裂缝面积具有相关性。将压裂泵压曲线在时间 t 上积分，可以求解出在起裂点以前的能量，表示单位体积的压裂液的起裂能量耗散，而将从起裂点到压穿试件停泵后的泵压曲线进行积分的结果为单位体积的压裂液的扩展能量耗散。

压裂是一个变压力的过程，恒流量注入时，$\Delta V = v_0 \Delta t$，$v_0 = 30\text{mL/min} = 0.5 \times 10^{-6}\,\text{m}^3/\text{s}$，故耗散能

$$Q = \int_0^t P\Delta V = 0.5 \times 10^{-6} \cdot \int_0^t P\Delta t = Q_1 + Q_2 \tag{4.26}$$

1. 耗散能量计算

外生裂隙的开度大于层理，其强度也远小于层理，故能量沿着外生裂隙扩展时损耗会最小。采用公式（4.26）中的积分方法计算总耗散能 Q，此时的积分上限为总的压裂时间。用同样的方法，将积分上限改为起裂时间，则可以求解出起裂阶段所消耗的能量 Q_1，Q 和 Q_1 的差值便是水力裂缝扩展阶段消耗的能量 Q_2，用 Q_2 除以扩展的水力裂缝的面积 A 就可以得到对应的水力裂缝扩展过程中的平均耗散能。试件的总耗散能和扩展过程中的能量消耗计算见表4.2。

表4.2 试件的总耗散能和扩展过程中的能量消耗计算

试件编号	总耗散能 Q/J	起裂能 Q_1/J	扩展能 Q_2/J	扩展的面积 A/m²	平均断裂能 /(J/m²)	起裂位置	扩展路径
1	163.28	23.148	140.133	0.019 1	7 327.08	外生裂隙	Ⅱ
2	155.42	24.045	131.375	0.020 0	6 578.07	层理面	Ⅲ
3	163.28	18.778	144.503	0.021 4	6 763.83	外生裂隙	Ⅱ
4	256.36	49.685	206.678	0.017 7	11 662.34	外生裂隙	Ⅱ
5	111.04	23.708	87.330	0.019 7	4 429.05	层理面	Ⅰ
6	149.58	23.625	125.953	0.015 1	8 332.06	层理面	Ⅰ
7	322.34	63.175	259.165	0.023 2	11 168.33	层理面	Ⅰ
8	94.42	16.835	77.585	0.040 4	1 920.42	外生裂隙	Ⅱ
9	102.53	16.598	85.933	0.022 9	3 747.19	外生裂隙	Ⅱ
10	104.38	20.920	83.458	0.010 2	8 181.03	层理面	Ⅲ
11	136.81	26.798	110.010	0.030 7	3 585.48	层理面	Ⅲ

续表

试件编号	总耗散能 Q/J	起裂能 Q_1/J	扩展能 Q_2/J	扩展的面积 A/m²	平均断裂能 /(J/m²)	起裂位置	扩展路径
12	79.95	22.750	57.200	0.030 4	1 883.35	外生裂隙	Ⅱ
13	116.58	17.780	98.803	0.016 3	6 052.46	层理面	Ⅰ
14	208.56	24.495	184.063	0.017 9	10 289.74	层理面	Ⅲ
15	152.10	18.778	133.325	0.019 4	6 880.25	层理面	Ⅳ

注：扩展路径含义同第3章。

2. 矿物充填对耗散能的影响

实验数据显示，4号、7号试件的起裂能是其他试件平均起裂能的2.32倍、2.95倍，4号、7号试件的扩展能是其他试件平均扩展能的1.84倍、2.31倍，两试件起裂和扩展的能量都远高于其他试件。如图4.26所示，对原试件的CT图像进行三维重构后，发现矿物填充了煤岩中的裂缝，矿物的存在提高了煤岩的结构强度，造成此类煤岩体在水力压裂过程中消耗的能量增大。

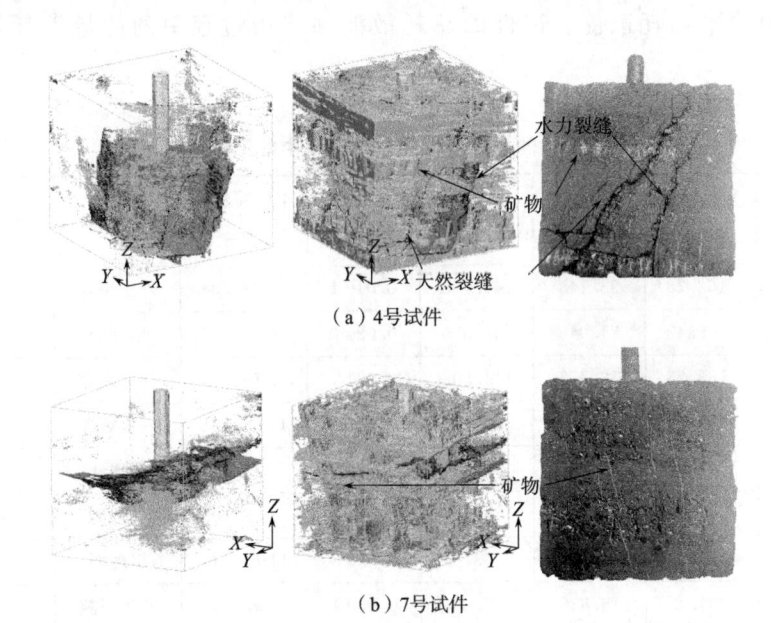

(a) 4号试件

(b) 7号试件

图 4.26 矿物充填试件

3. 弱结构面对耗散能的影响

在全部试件中除去大量矿物充填的 4 号、7 号试件，对剩余 13 个试件进行统计，发现其中沿着外生裂隙起裂的 5 个试件起裂能平均值为 19.62J，沿着层理面起裂的 8 个试件起裂能平均值为 22.52J，可见沿着外生裂隙起裂所需的能量小于沿着层理面起裂所需的能量。同时，由于起裂都是沿着层理或者外生裂隙的弱结构面扩展的，起裂的平均能量消耗关系如下：$Q_{1基质}>Q_{1层理}=1.1478Q_{1外生裂隙}$，起裂沿着层理面扩展的平均能量比沿着外生裂隙起裂高 14.78%。13 个样本中，沿着外生裂隙扩展的 4 个试件（1 号、3 号、8 号、9 号）扩展耗散能量平均值为 4 939.63J/m^2；沿着层理面扩展的 3 个试件（5 号、6 号、13 号）扩展耗散能量平均值为 6 271.1J/m^2；先沿着层理面扩展后转向外生裂隙的 5 个试件（2 号、10 号、11 号、12 号、14 号）扩展耗散能量平均值为 6 103.53J/m^2；1 个试件（15 号）先沿着层理面扩展，后转向垂直于最小主应力方向，其扩展耗散能量平均值为 6 880.25J/m^2。由上述数据可知，在此次实验中，沿着层理面扩展的能量比沿着外生裂隙扩展的水力裂缝的平均扩展能量大，而在基质中扩展的能量比沿着层理面的能量大，故水力裂缝在煤岩体基质、节理、层理中扩展的平均能量消耗（每扩展 1m^2 所消耗的能量 Q_2）关系如下：$Q_{2基质}=1.09Q_{2层理}=1.39Q_{2外生裂隙}$。这就很容易解释实验中 5 个试件水力裂缝由沿着层理面扩展转向外生裂隙扩展到边界，而没有沿着外生裂隙扩展转向层理面扩展的现象。这说明在相同的应力条件下，水力裂缝沿着外生裂隙扩展所消耗的能量最低，外生裂隙的宽度较层理面宽且导通性良好是主要原因。上述研究符合水力裂缝沿阻力最小、长度最短的路径扩展的原则[128,129]。

4.3.3 水平主应力差异系数对裂缝扩展的影响

地应力差对裂缝扩展的影响非常明显，学者普遍认为地应力差越大裂缝越直，地应力差越小裂缝的缝网扩展越明显。本节实验中将模型节理面与最大主应力夹角设置为 45°，将最小主应力设置为 20MPa，中间主应力比最小主应力大 1MPa，而最大主应力比最小主应力分别大 2MPa、4MPa、6MPa、8MPa，通过这种设置考察主应力差对模型中水力裂缝扩展的影响。

从图 4.27 中可以看出，由于最小主应力为 20MPa，该值与应力差值相比较大，水力裂缝虽然存在沿着 45°角节理扩展的现象，但是最终还是向着水平方向的最大主应力方向延伸,由于应力差均较小的缘故,应力对裂缝扩展的影响不明显。

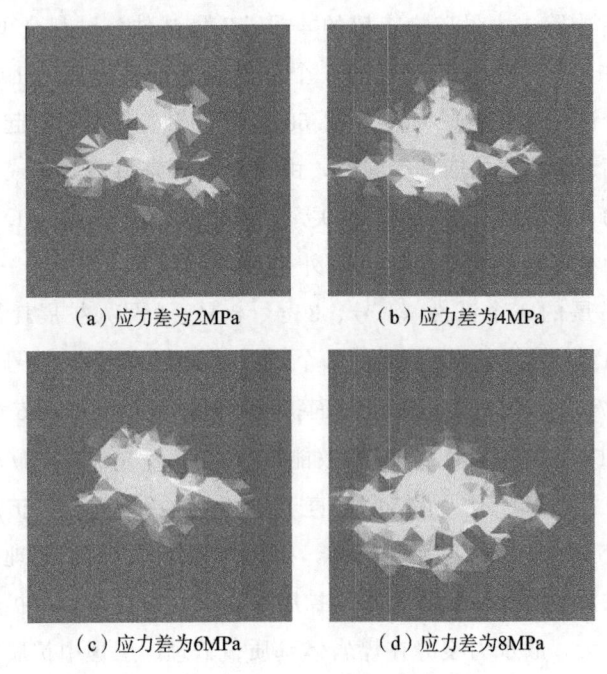

(a) 应力差为2MPa

(b) 应力差为4MPa

(c) 应力差为6MPa

(d) 应力差为8MPa

图 4.27 主应力差对水力裂缝扩展的影响 ($t=51s$)

图 4.28 所示为主应力差与破裂压力的关系,可以看出,当最小主应力和中间主应力是固定值时,破裂压力随着最大主应力的增大而增大。同时,破裂需要的能量也是增大的,但裂隙的形态并没有特别明显的变化。笔者认为,这是由于最小主应力值较大,最小主应力差与最小主应力的比值相对较小。水平主应力差异系数 $k=(\sigma_H-\sigma_h)/\sigma_h$ 是确定不同地应力环境的重要参数,还应该将该参数设置为因数,研究应力差异系数的变化对水力裂缝扩展规律的影响。

通过设置最小主应力 σ_h 和最大主应力 σ_H 的值,将 k 设置为 0.5、1、1.5,观察 k 的变化对水力裂缝扩展的影响。此处设置 $\sigma_h=10MPa$,σ_H 分别设置为 15MPa、20MPa、25MPa,中间主应力设置为 11MPa。计算完毕后将模型剖切并设置为半透明状,观察破裂因子图像(可以理解为主裂缝破裂形态),将裂缝的整体形态的最尖端连线,可以发现裂缝的扩展方向受到模型中外生裂隙展布方向及最大水平主应力的双重影响。

(a) $\sigma_H-\sigma_h=2\text{MPa}$

(b) $\sigma_H-\sigma_h=4\text{MPa}$

(c) $\sigma_H-\sigma_h=6\text{MPa}$

(d) $\sigma_H-\sigma_h=8\text{MPa}$

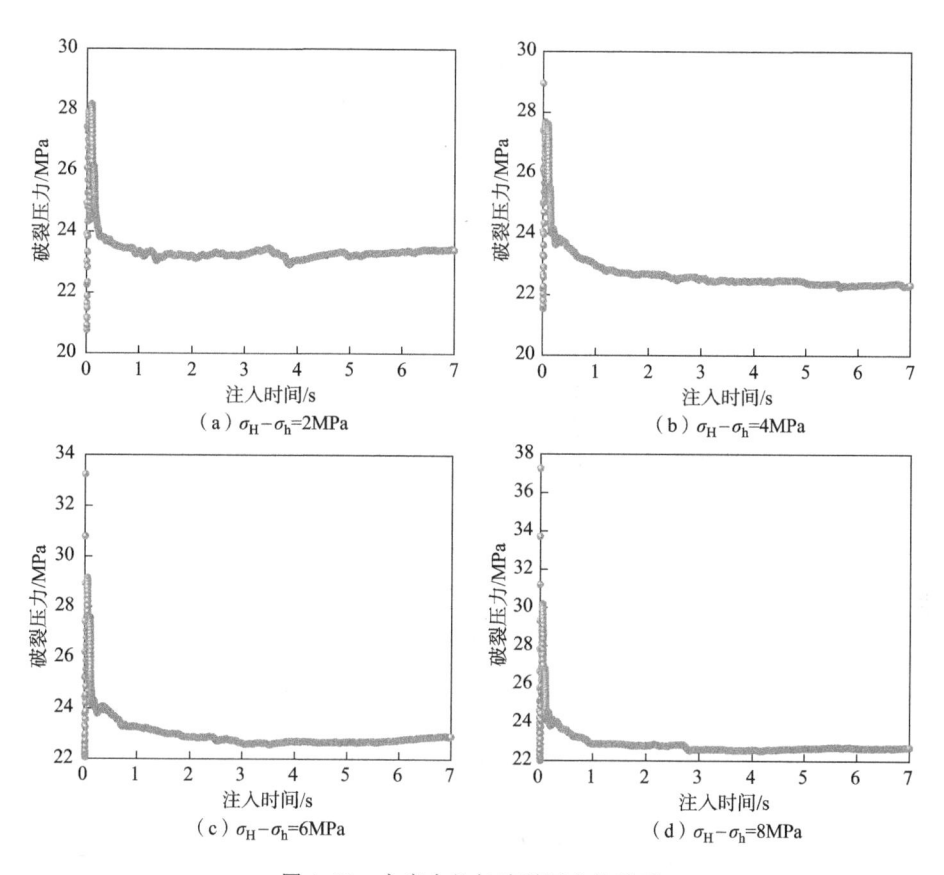

图 4.28 主应力差与破裂压力的关系

如图 4.29 所示，当 $k=0.5$ 时，裂缝沿着外生裂隙方向扩展；而 $k\geqslant 1$ 时裂缝形态整体上沿着最大主应力方向扩展。解算结果显示，水平主应力差异系数 k 较小时裂缝的扩展方向受外生裂隙的影响较为明显，而水平主应力差异系数 k 较大时裂缝的扩展方向受地应力的影响较为明显。上述解算结果与本书第 3 章试验中 15 号试件的解算结果是一致的，15 号试件主应力差异系数 $k=1.04$。姜婷婷[98]在研究煤岩的水力压裂裂缝扩展机理时也得出了类似的结论。其通过试验发现，当水平主应力差异系数 $k=0.4$ 和 $k=0.54$ 时，水力裂缝容易沟通弱结构面，形成复杂的缝网；而当水平主应力差异系数 $k=0.7$ 时，水力裂缝产生了一条沿着最大主应力方向的垂直裂缝。由上可知，主应力差异系数 k 越大，水力裂缝越易于沿着最大主应力方向扩展，最大主应力的导向作用越强；主应力差异系数 k 越小，水力裂缝越易于形成缝网，最大主应力的导向作用越弱，弱结构面的导向作用越强。

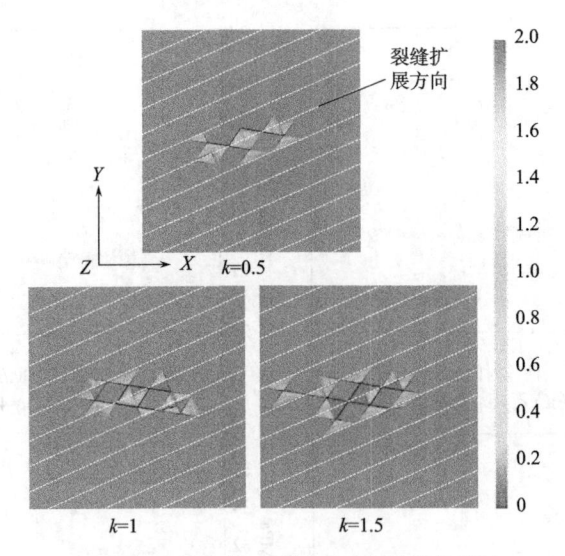

图 4.29　主应力差异系数 k 对模型破坏状态的影响（$t=33$ s）

注：图中斜线表示层理面。

4.4　小　　结

本章通过建立数值模型，采用连续-非连续算法软件建立了含弱结构面的煤岩三维数值模型，并通过理论、模拟和试验结果分析了水力裂缝起裂和扩展的原理和规律。主要结论如下：

1）水力裂缝在起裂和扩展过程中会发生拉伸破坏，也会发生剪切破坏。剪切破坏出现在水力裂缝的主裂缝部位，拉伸破坏出现在裂隙的边缘部位。模拟显示，拉伸破坏仅仅在起裂的瞬间占主导，其余扩展的情形中均是剪切破坏为主。

2）煤储层中水力裂缝起裂瞬间压裂液的张拉破坏是起裂的主要原因。煤储层中水力裂缝扩展时压裂液压力的作用使裂缝尖端两侧出现方向相反的剪应力，使材料连续发生剪切破坏，这是裂缝扩展的主要原因。压裂液的压力越高，压裂液的应力强度因子越大。当裂缝过长时，因阻力或者滤失，裂缝尖端压裂液压力减小，故当注入压力不变时裂缝不能无限制地扩展下去。

3）水力裂缝在扩展过程中遵循能量消耗最低的原则，沿着外生裂隙起裂和扩展的平均能量低于沿着层理面起裂和扩展的平均能量，即 $Q_{1基质} > Q_{1层理} = 1.147\ 8 Q_{1外生裂隙}$；沿着层理面起裂的平均能量 $Q_{1层理}$ 比沿着外生裂隙起裂的平均能

量 $Q_{1外生裂隙}$ 高 14.78%;水力裂缝在煤岩体基质、节理、层理中扩展的平均能量消耗(每扩展 1m² 所消耗的能量 Q_2)关系为 $Q_{2基质}=1.09Q_{2层理}=1.39Q_{2外生裂隙}$。

4)采用试验和数值分析结合的方法解算出水平主应力差异系数 $k=1.04$ 为转向的临界值。当 k 大于临界值时煤岩裂隙中的水力裂缝受到地应力控制而转向最大水平主应力方向;当 k 小于临界值时裂缝受弱结构面的控制。

第5章 含随机裂缝煤层气储层三维水力裂缝扩展模拟

第4章通过小尺度的连续-非连续算法解算了含有弱结构面的模型，解析了裂缝起裂和扩展的机理，本章将建立一个工程尺度的模型，分析水力裂缝扩展规律和多种变量对水力裂缝的影响。

天然岩体中均存在多种节理、弱面，离散元法认为岩体是由多组块体组成的，这些块体受不连续节理弱面控制。中国科学院力学研究所提出的处理该问题的CDEM算法就是在该思路的基础上开发出来的。在其数值计算方法中可以添加多种基础理论模型，实现了在岩土工程、采矿工程等多个领域的应用。

开采深部煤层气的瓶颈问题是产气量低且衰减较快，而深部煤层气储层的渗透率较低，会严重阻碍煤层气的解析与扩散过程。目前开采煤层气的主要措施是采用水力压裂技术将煤层压裂出气体解析的通道，并利用排水降低储层压力，实现煤层气解析—扩散—渗流的过程，并运移到井筒至地面管网。水力裂缝提高储层渗透率的作用主要取决于水力裂缝在储层中扩展的面积大小，即缝网的总面积大小，为了增大缝网的面积，就要尽可能地改进压裂工艺，形成复杂程度更高的缝网构造[130,131]。

煤层气开采面临着诸多困难，在理论研究方面，深部煤储层中水力裂缝的扩展规律是一个难题[132]。煤岩体相比于其他岩体强度较低，内部发育有裂隙、层理、割理等多级构造，其非均质特征明显，并伴随着低弹性模量、高泊松比等力学特征[133]。煤岩体独特的结构特性和力学特性导致煤岩体中的水力裂缝延伸和其他硬岩中的水力裂缝特征差异很大。煤层水力压裂裂隙的延伸机理和裂缝形态的精细化描述一直是研究的难点，目前仍缺乏准确、合适的方法描述深部煤层水力裂缝的扩展规律[134]。

利用离散裂缝网络（DFN）模型建模技术在模型中设置形状复杂的弱结构

面或者弱结构体，实现了模型均质化向非均质化的转变，从而使模型更加真实，实现模型中裂缝扩展行为的真实模拟。建立离散裂缝网络模型并采用连续-非连续单元法进行水力压裂的数值计算能较为详细地描述水力裂缝在岩体中扩展的规律。

本章将利用 CDEM 算法软件，通过二次开发建立含随机裂缝的三维水力压裂数值模型，并验证埋深等多个参量对水力裂缝缝长和缝宽的影响规律。

5.1 数值模型建立及参数设定

5.1.1 建立含随机裂缝的煤储层模型

模型采用 CDEM 流固耦合算法，参考沁水盆地 15 号煤层的应力分布及煤层赋存状况，模型尺寸为 $30m\times30m\times6m$，通过代码设置实现模型中不同数量的裂隙面的预制。如图 5.1(d) 所示，通过网格划分将模型划分出大约 20 080 个四面体单元和 39 080 个四面体单元的接触面组成的裂隙渗流单元，裂隙面作为正四面体单元的边界。设置四面体单元本构模型为线弹性模型，设置裂隙渗流单元本构模型为脆性断裂的摩尔-库仑模型。模型的压裂液注入点位于体积中心。如图 5.1(c) 所示，设置模型的左下角端点为坐标原点，注入点的位置为与点（15，15，3）最邻近的网格节点。压裂液注入方式选择恒定流量方式。

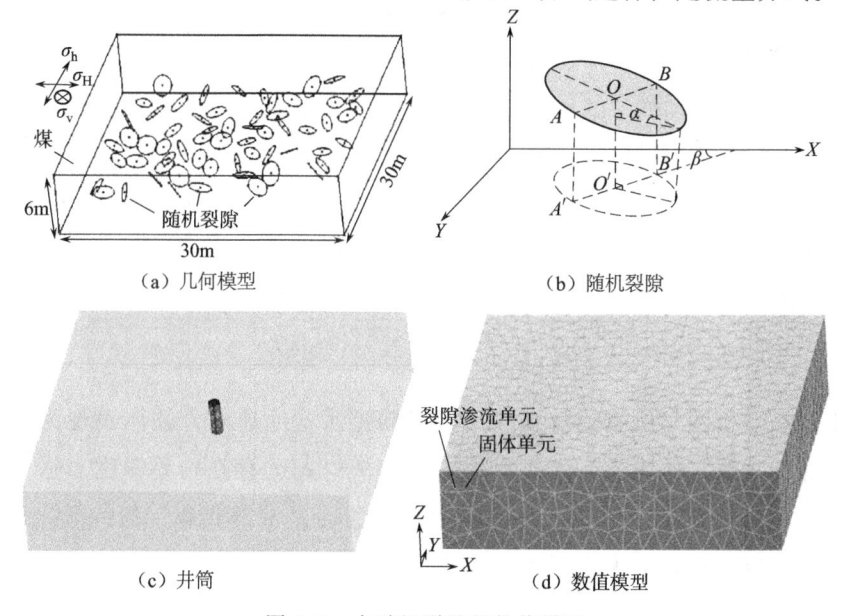

(a) 几何模型　　(b) 随机裂隙

(c) 井筒　　(d) 数值模型

图 5.1　含随机裂缝的数值模型

5.1.2 在模型中生成随机裂隙

DFN 随机裂缝模型采用一种面向对象的地质统计建模方法,所建立的模型对象参数具有随机性和离散性。如图 5.1(a) 所示,通过编制代码在模型中生成随机的几何薄面,代表天然岩体中的弱面构造,每个几何面有方位、展布方向、形貌特征、厚度等一系列属性。通常每一个几何面都是随机定位的,随机参数的产生符合威布尔概率分布规律。如图 5.1(b) 所示,模型中采用薄圆片代表煤岩体中天然存在的随机裂缝,在设定薄圆片数量后其中心坐标随机生成,半径上下限取 0.3m、1m;平行于 XY 平面的 AB 为走向线,走向线与 X 轴的夹角 β 为走向角,设置 β 的取值范围为 (0°,180°);倾角 α 为裂隙面与 XY 平面的夹角,设置 α 的取值范围为 (0°,90°)。在本模型中设定任意一个裂缝面的厚度取其裂缝面随机半径的 0.01 倍。

5.1.3 模型参数设置

本章的研究参考了已有的关于沁水煤田 15 号煤层力学特性的研究成果[135],经过筛选得到表 5.1 中的参数值,包括 15 号煤层的力学参数、孔隙特性参数等,并赋值于模型。在数值模型中压裂液采用清水。

表 5.1 水力裂缝扩展模型参数

参数	取值	参数	取值
密度	1 400kg/m³	压裂液黏度	1×10^{-3} Pa·s
弹性模量	3.5GPa	抗拉强度	3MPa
泊松比	0.30	黏聚力	3MPa
渗透率	$1\times10^{-3}\mu m^2$	内摩擦角	35°
孔隙率	5%	碎胀角	15°
压裂液密度	980kg/m³	注入流量	50mL/min

由沁水盆地深部地应力特征的研究可知沁水盆地地应力整体表现为"浅部离散,深部收敛"的特征,浅部和深部在 640~825m 存在临界深度。临界深度以下地应力分布普遍为 $\sigma_H>\sigma_v>\sigma_h$ 的状态,符合"深部收敛"的特征。经数值拟合分析可以得出,最大水平主应力与埋深(H)的关系满足 $\sigma_H=0.031\,7H-1.082\,1$;最小水平主应力与埋深的关系满足 $\sigma_h=0.021\,7H-1.594$;中间主应力来

源于上覆岩层的重力,满足 $\sigma_v = 0.027H$。取埋藏深度分别为 600m、800m、1 000m、1 200m、1 400m 共 5 组不同深度的应力值作为应力参数,其中 X 方向加载最大水平主应力,Y 方向加载最小水平主应力,Z 方向加载垂向应力。

5.2 数值计算结果

选择压裂液流量和黏度、埋深及随机裂隙数量等变量作为控制变量,主要研究水力裂缝的压力特征、裂缝缝长、最大缝宽等随着控制变量变化的规律。

5.2.1 裂缝形态与裂隙流体压力特征

设置的模型参数见表 5.1,并设置压裂液流量为 7 000mL/min、黏度为 1×10^{-3} Pa·s,地层应力选取埋深 1 000m 处的三向应力。随机裂缝的数量为 40 时模拟所得的水力裂缝在三个不同时间点的三维扩展形态及同时刻水力裂缝在 XY、XZ、YZ 三个平面上的投影形态如图 5.2 所示。由图 5.2 可见,水力裂缝沿着 XZ 平面扩展,即沿着最大主应力方向扩展,并穿越了多个弱面构造,同时裂缝还在与最大主应力垂直的方向有一定的延伸距离。

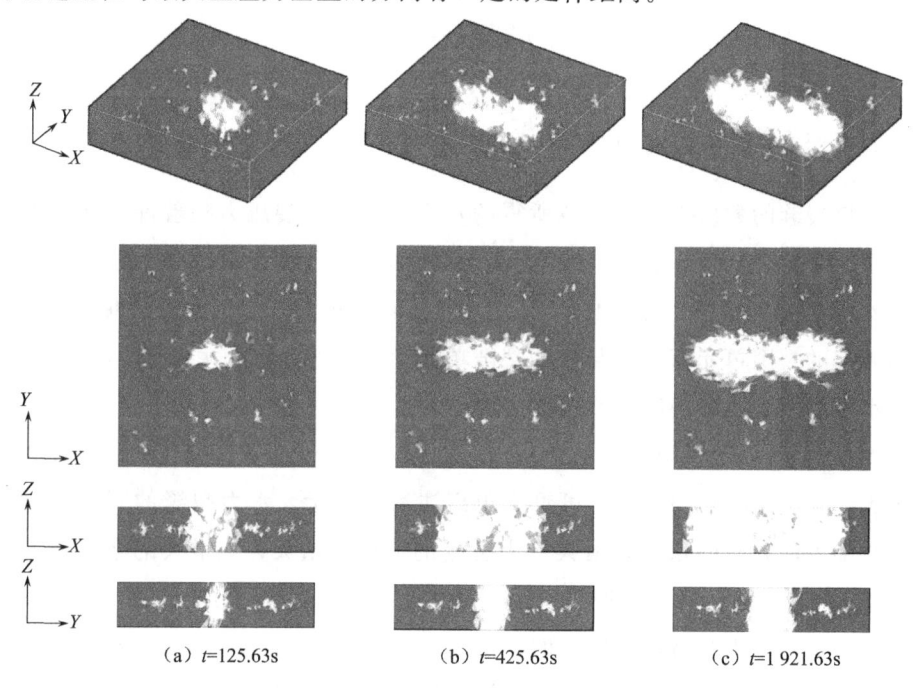

(a) t=125.63s   (b) t=425.63s   (c) t=1 921.63s

图 5.2 三维水力裂缝形态演变

在模型中设置 $M_1 \sim M_5$ 共 5 个流体压力监测点,其坐标分别为 (15,15,3),(12,15,3),(9,15,3),(6,15,3),(3,15,3)。设置压裂液流量为 3 000 mL/min、黏度为 1×10^{-3} Pa·s,地层应力选取埋深 1 000 m 处的应力参数,随机裂缝的数量为 0 时监测点流量压力波动曲线如图 5.3 所示。M_1 点为压裂液注入点,其压力曲线上有一个明显的破裂压力。随着水力裂缝的扩展,$M_1 \sim M_5$ 的曲线上依次监测到了稳定的水压,从 M_1 到 M_5 水压逐渐降低。

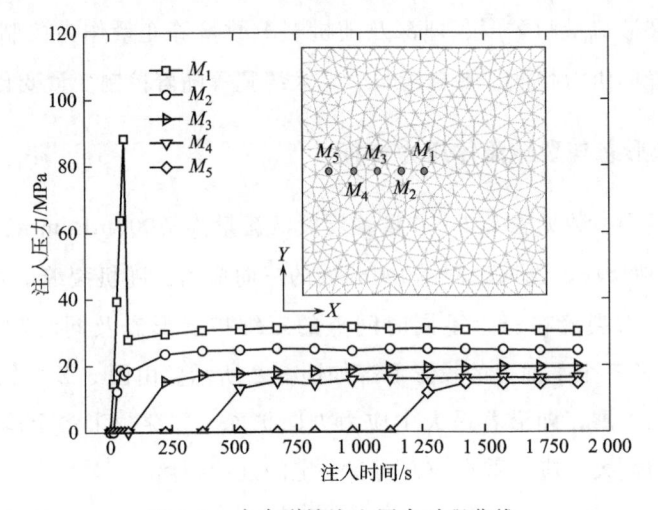

图 5.3 水力裂缝注入压力时程曲线

5.2.2 埋深对裂隙扩展的影响

随机裂缝的数量为 0 时模拟所得的水力裂缝的破裂压力随着埋深变化的趋势如图 5.4(a) 所示,可见破裂压力随着埋深的增大而增大,且破裂压力与埋深呈自然指数关系增长。图 5.4(b) 所示为模型破裂度随着埋深变化的曲线。破裂度为破裂的裂隙单元面数量与总的裂隙单元面数量的比值。由图 5.4(b) 可见,随着埋深的增大,破裂度逐渐减小。

图 5.5(a) 所示为在水力裂缝扩展方向上水力裂缝的宽度变化曲线,注入点在最大缝宽处。由图 5.5(a) 可见,距离注入点越远,水力裂缝的开启宽度越小,且随着注入时间增加,最大水力裂缝的值逐渐增大,但增大的幅度越来越小。图 5.5(b) 所示为不同埋深条件下模型最大缝宽随注入时间变化的曲线,可知水力裂缝的最大缝宽随着埋深的增加而减小。从 600 m 到 1 400 m 处,最大缝宽减小幅度明显增大,从 62.05 mm 减小到 21.24 mm,减小了约 65.77%。

(a)

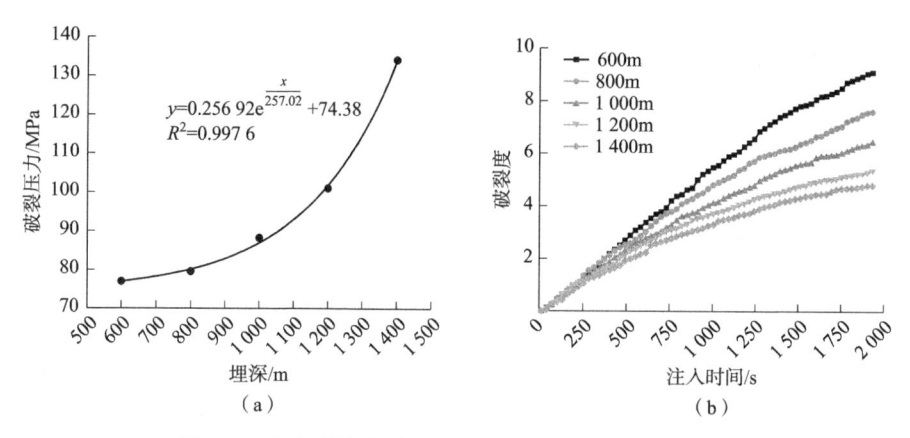

(b)

图 5.4 水力裂缝破裂压力、破裂度随埋深变化的曲线

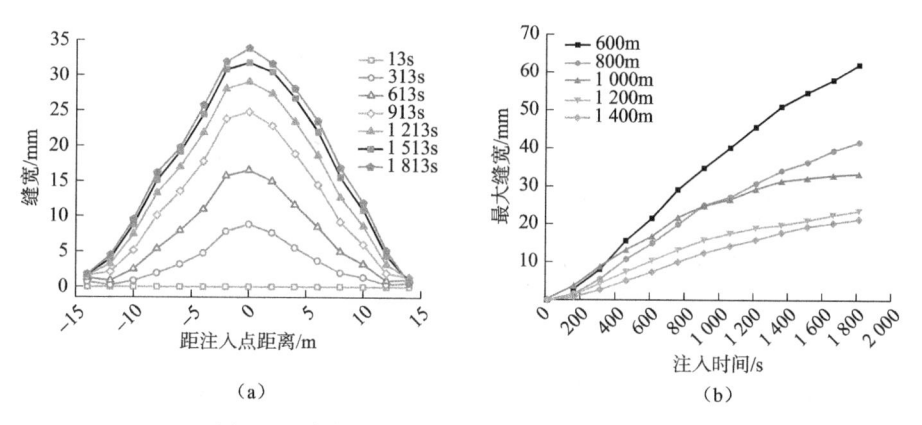

(a)

(b)

图 5.5 水力裂缝宽度特征及与埋深的关系曲线

5.2.3 弱结构面对裂缝扩展的影响

天然裂缝普遍存在于地层当中，地质构造的复杂程度、储层的非均质性程度必然对水力裂缝扩展产生一定的影响。已有的研究成果表明裂缝构造对水力压裂有多种影响形式，可以使水力裂缝停滞、转向，或者先转向再穿越等。如图 5.6 所示为在 XY 平面上存在单一裂隙时的水力裂缝扩展形态，虚线部分表示设置的弱面，其位置在水力裂缝扩展的路径上，接近角为 90°。如图 5.6(c)所示，水力裂缝在遇到弱面时会向着弱面所在位置加速扩展，弱面展现出吸引水力裂缝扩展的特性。在遇到弱面后，水力裂缝展现出排斥特性，阻碍了水力裂缝在这个方向的扩展，如图 5.6(g～i) 所示。水力裂缝在没有弱面的位置先扩展到了边界。

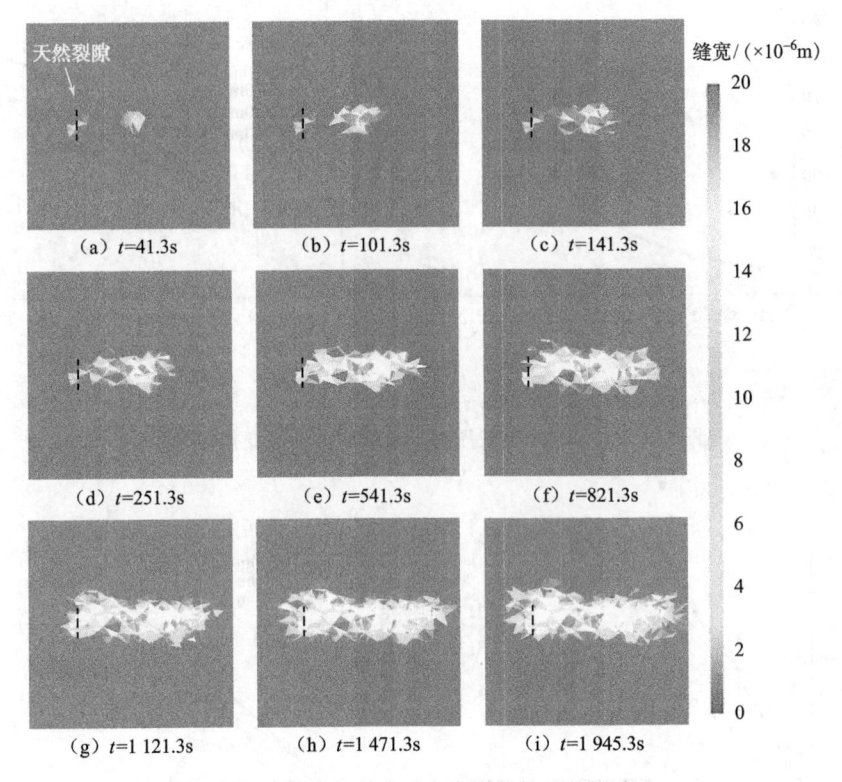

图 5.6　单一裂隙对水力裂缝扩展的影响

分别设置接近角为 0°、15°、30°、45°、60°、75°、90° 的单一裂缝进行模拟，可以发现只有在接近角为 0° 的情况下会出现天然裂缝对水力裂缝的扩展起到加速通过的作用；30°~90° 时，天然裂缝对水力裂缝的扩展都会起到明显的阻碍作用。这意味着多数情况下天然裂缝大概率会阻碍水力裂缝的扩展，其中接近角为 45°~75° 时阻碍作用最明显。

以 1 000 m 埋深的应力环境为例，其他参数见表 5.1，分别设置 0、20 个、40 个、60 个、80 个、100 个随机弱面，研究各项参数与弱面数量的关系。模拟结果显示，在上述弱面数量范围内弱面数量对破裂压力没有明显的影响，即破裂压力几乎相同。

由图 5.7 可见，弱面数量（密度）增加会明显阻碍水力裂缝向前扩展，裂缝越多，均质性越差，水力裂缝扩展越慢，不利于裂缝的延伸和煤层气的开采。经数值计算可知，弱面数量不同，破裂压力离散性较大，没有明显的规律。

随机裂缝数量（n）对最大裂缝宽度和破裂度的影响如图 5.8 所示。由

图5.8(a)可见，随机裂缝数量的增加导致模型中材料非均质程度增加，最大缝宽会显著减小。这是由于水力裂缝遇到弱面后部分压裂液会滤失到弱面当中，导致水压力骤降。如图5.8(b)所示，随着模型中随机裂缝数量增加，裂缝向前扩展受到的阻碍作用增大，一定程度上减小了模型的破裂度。

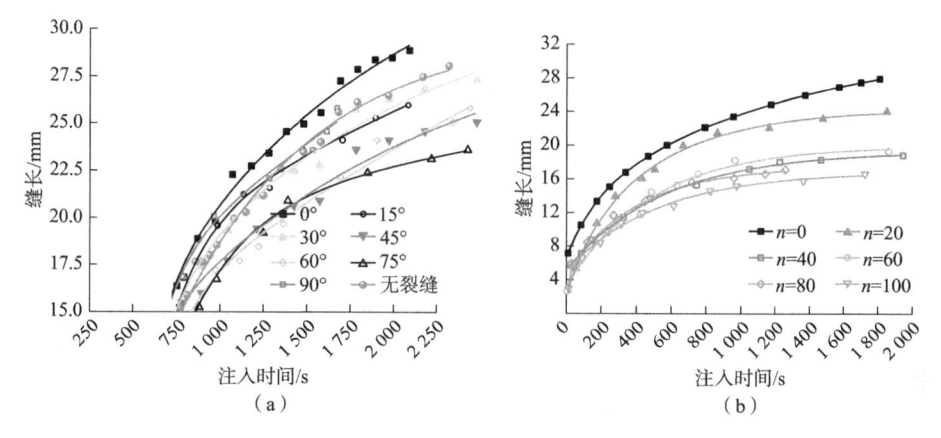

图5.7 接近角和随机裂缝数量对水力裂缝长度的影响

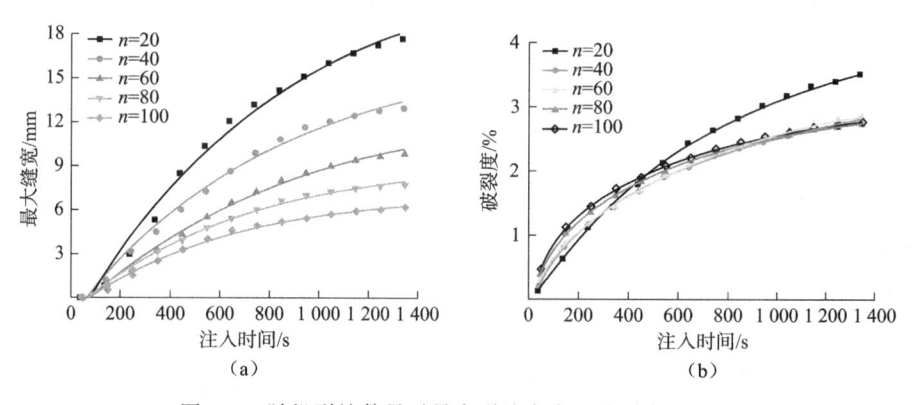

图5.8 随机裂缝数量对最大裂缝宽度和破裂度的影响

5.2.4 压裂液流量对裂缝扩展的影响

以1000m深度应力环境为例，随机弱面设置为40个，模型其他参数见表5.1，流量分别设置为1 000mL/min、3 000mL/min、5 000mL/min、7 000mL/min、9 000mL/min，破裂压力和裂缝长度随注入流量的变化如图5.9所示。数值分析结果表明，流量的增加会引起破裂压力的增大。数据拟合结果显示破裂压力和压裂液流量成正相关关系。

(a)

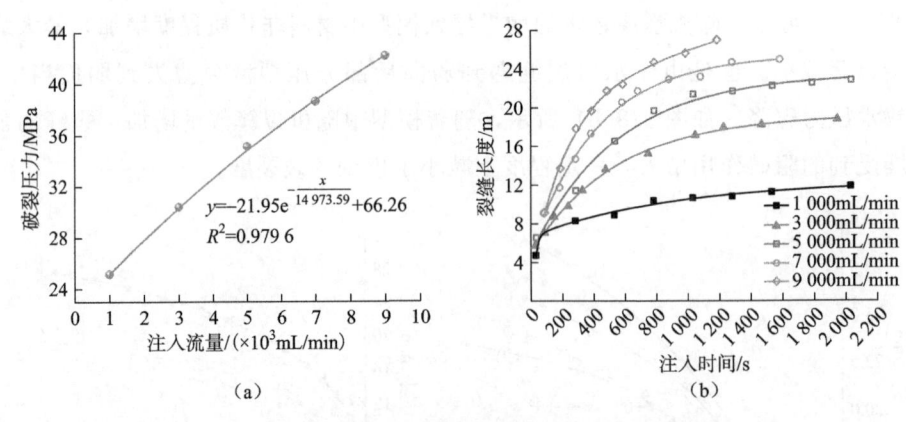

(b)

图 5.9 破裂压力和裂缝长度随注入流量的变化

裂缝的扩展与注入流量的大小具有显著的正相关关系，注入流量越大，裂缝扩展速度越快，如图 5.9(b) 所示，在相同的时间内注入流量为 9 000mL/min 时的缝长扩展距离是注入流量为 1 000mL/min 时的缝长扩展距离的 3 倍左右。

如图 5.10(a) 所示，随着压裂液持续注入，最大缝宽逐渐增大，且随着注入流量的增加而增大，但增大的速度越来越缓慢。如图 5.10(b) 所示，随着压裂液流量增大，水力裂缝的扩展速度和最大缝宽增大，模型的破裂度显著增大。

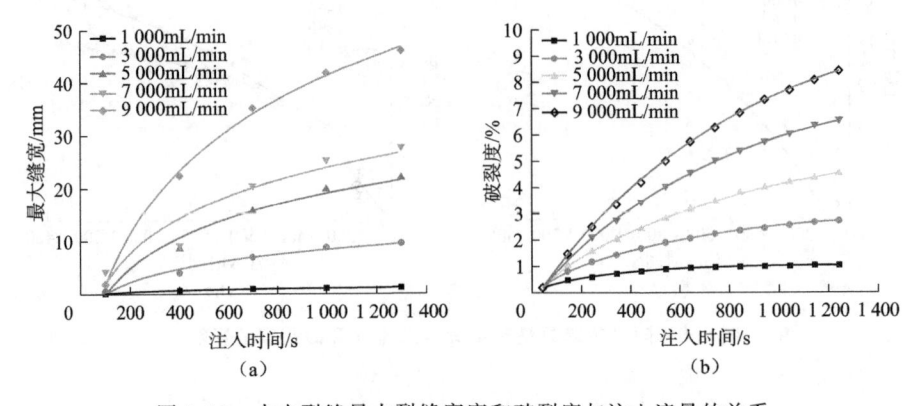

(a)

(b)

图 5.10 水力裂缝最大裂缝宽度和破裂度与注入流量的关系

5.2.5 压裂液黏度对裂缝扩展的影响

以 1 000m 深度的三向应力环境为例，设置随机弱面为 40 个，模型其他参数见表 5.1，黏度 μ_d 分别设置为 $1\times10^{-3}\text{Pa}\cdot\text{s}$、$3\times10^{-3}\text{Pa}\cdot\text{s}$、$5\times10^{-3}\text{Pa}\cdot\text{s}$、$7\times10^{-3}\text{Pa}\cdot\text{s}$、$9\times10^{-3}\text{Pa}\cdot\text{s}$、$17\times10^{-3}\text{Pa}\cdot\text{s}$、$61\times10^{-3}\text{Pa}\cdot\text{s}$，压裂液黏度对

水力裂缝形态的影响如图 5.11 所示。数值分析结果表明，压裂液黏度的增大会引起水力裂缝形态的显著变化及破裂压力的增大。图 5.11 所示为水力裂缝在 XY 平面上的形态随黏度的变化，可以看出，随着黏度急剧增大，裂缝的形态趋向于由椭圆形向圆形转变。压裂液黏度的增大会导致裂缝在煤岩体中的扩展停滞不前，在相同的参数条件下水力裂缝的缝长随着黏度的增大而减小，短半轴随着黏度的增大而增大，这就导致裂缝停滞于井筒周围而不能有效向前扩展。

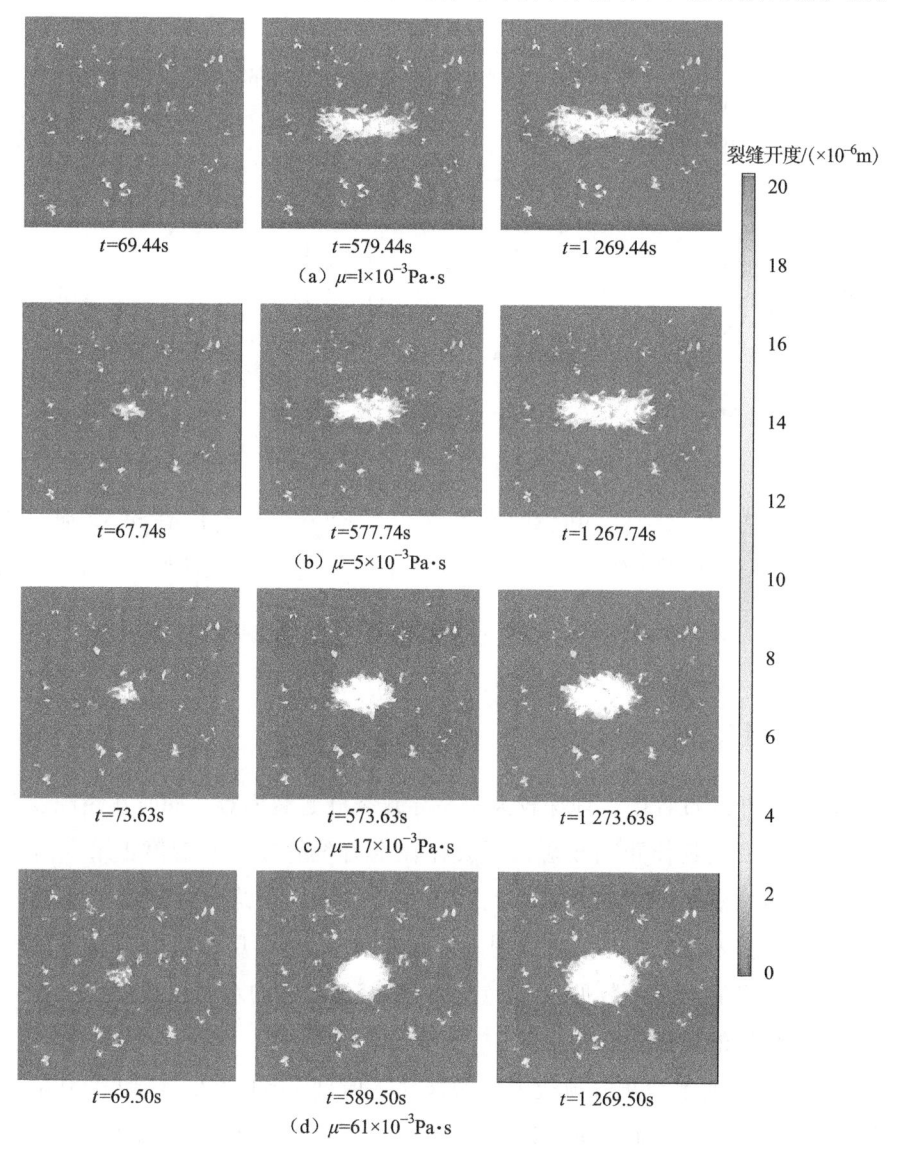

图 5.11 黏度对水力裂缝形态的影响

图 5.12 中显示了用不同黏度的模型计算得出的破裂压力，可以发现，随着黏度增大，破裂压力也增大，破裂压力和黏度成自然指数的对应关系。如图 5.13(a) 所示，随着压裂液黏度增大，最大缝宽有一定的增加，但是当压裂液黏度超过 3×10^{-3} Pa·s 后，最大缝宽没有明显的增加。如图 5.13(b) 所示，破裂度随着注入压裂液时间的增长呈自然指数增大，但是破裂度并没有受到压裂液黏度变化的显著影响。

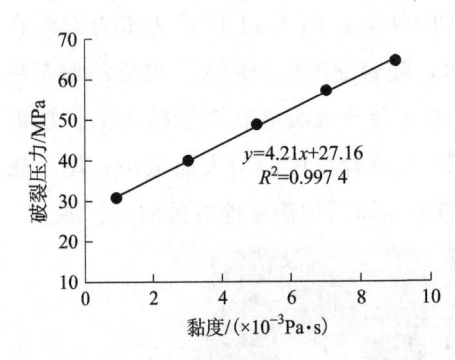

图 5.12 破裂压力随黏度变化的曲线

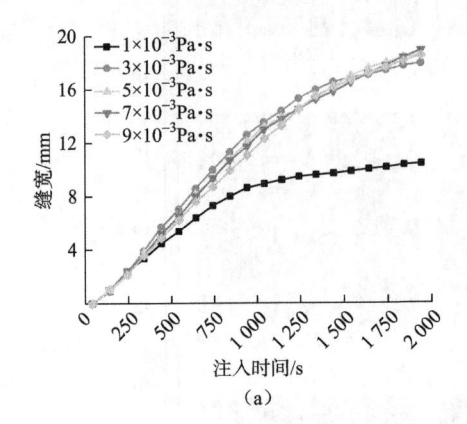

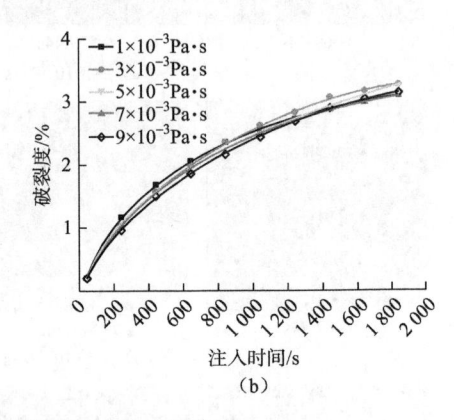

图 5.13 最大缝宽和破裂度随黏度变化的曲线

5.2.6 岩性对裂缝扩展的影响

在煤层气开发过程中，埋深较大容易导致裂缝起裂困难，同时在裂隙发育的煤岩体中扩展裂缝延伸距离较短，还会存在水力裂缝在压裂液停止泵入后发生闭合而导致增透效果不佳的情况。此时在煤层顶板岩层进行压裂能有效地改善造缝效果，该技术已经得到实践证明。沁水煤田 15 号煤层顶板为与煤层近乎等厚的灰岩，灰岩的力学参数见表 5.2，将其赋值到本章的水力压裂模型中，分析灰岩中水力裂缝的扩展形态和状况。

图 5.14(a) 所示为灰岩顶板中压裂液注入时间 $t=1\,272.54$ s 时水力裂缝的三维形态及其在三个平面上的投影，图 5.14(b) 所示为 $t=1\,278.31$ s 时水力裂缝的三维形态及其在三个平面上的投影。可以看到，在近乎相同的时间内，水

力裂缝在灰岩顶板中延伸到了边界，而在煤岩中延伸距离仅为前者的一半左右。

表5.2 灰岩的力学参数

密度/(kg/m³)	弹性模量/MPa	泊松比	黏聚力/MPa	抗拉强度/MPa	内摩擦角/(°)
2.71	3.71×10^5	0.18	8.47	10.27	34.6

（a）t=1 272.54s　　（b）t=1 278.31s

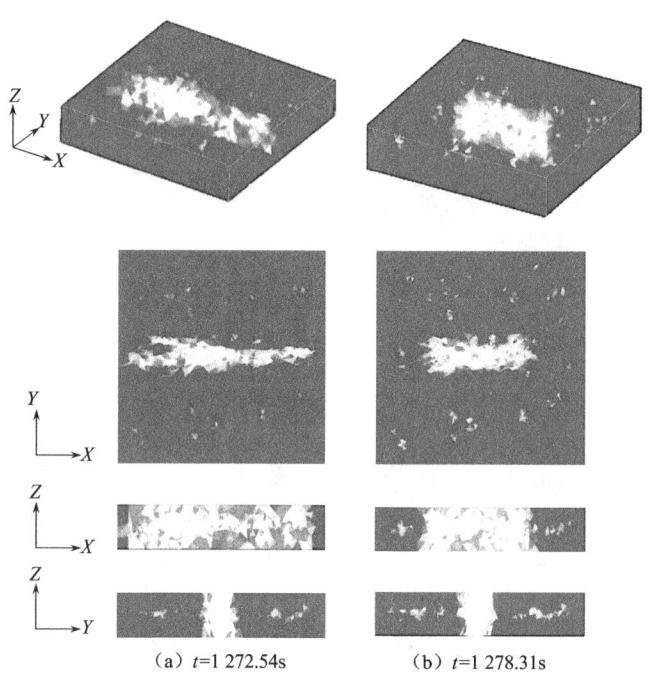

图5.14 顶板灰岩和煤岩中水力裂缝形态对比

图5.15所示为相同条件下两种不同的介质中注入压力曲线，可以看到，在相同的时间内，裂缝在灰岩中起裂和扩展的压力较高，总体上高于煤岩中约9MPa。图5.16所示为在不同的介质参数下模型破裂度的对比，可见在相同的注入时间内煤岩中的破裂度与灰岩中的破裂度较为接近，煤岩中的破裂度略高。图5.17和图5.18所示为相同的模拟参数条件下灰岩顶板和煤岩中的水力裂缝缝宽随注入时间变化的情况，可以看出灰岩顶板中的最大缝宽远远小于煤岩中的最大缝宽，在1 242s附近时煤岩中的最大缝宽为8mm，而灰岩中最大缝宽约为0.8mm。这说明在较为坚硬的顶板中进行水力压裂能保证水力裂缝快速和以较大距离扩展，同时也要考虑增大裂缝的宽度。水力裂缝在煤岩中扩展存在扩展区域集中在井筒附近的问题，这会制约煤层气的高效开发。将煤层气压裂位

置布置在顶板的灰岩中是一种较有前景的方法。调节压裂液的黏度和注入速度能有效增大裂缝的宽度和保证支撑剂的支撑,也能保证水力裂缝延伸距离较远。

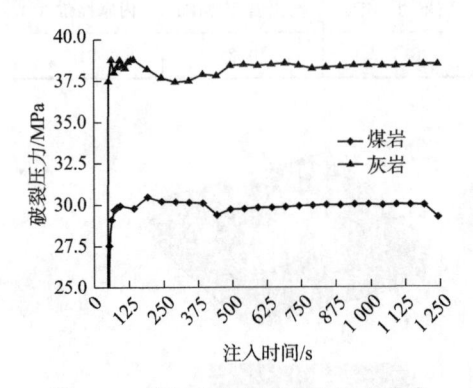

图 5.15 灰岩和煤岩的注入压力曲线

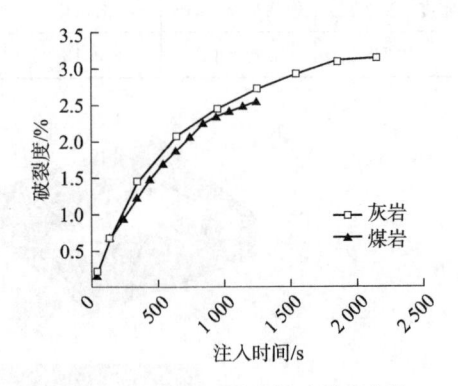

图 5.16 灰岩和煤岩的破裂度曲线

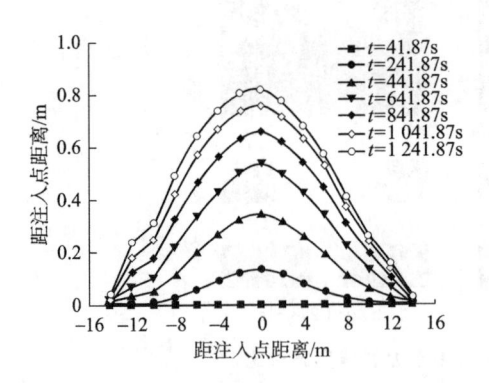

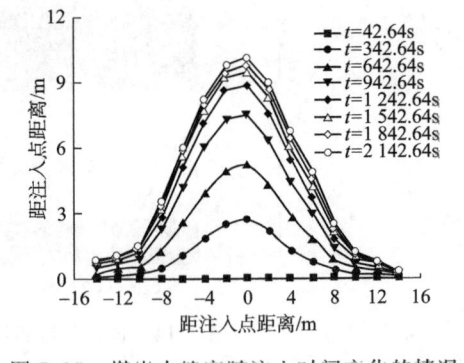

图 5.17 灰岩中缝宽随注入时间变化的情况   图 5.18 煤岩中缝宽随注入时间变化的情况

5.3 多参量对裂缝扩展的影响

5.3.1 体积非均质度

根据张渊等[136]定义的岩石矿物的体积非均质度的概念,体积非均质度为组成岩石矿物的所有矿物成分体积含量百分比的平方和的倒数,以 V_n 表示,即

$$V_n = 1/\sum_{i=1}^{n} V_i^2 \tag{5.1}$$

根据该定义，假设在本章模型中的弱面体积和弱面以外的均质体的体积分别为 V_1 和 V_2，根据随机生成的弱面的参数可以解算出体积非均质度，见表 5.3。

表 5.3 不同弱面个数 (n) 对应的体积非均质度

n	V_1	V_2	V_1^2	V_2^2	V_n
0	0	1	0	1	1
20	0.000 031 938	0.999 968 062	$2.550\ 07 \times 10^{-12}$	0.999 996 806	1.000 063 878
40	0.000 063 876	0.999 936 124	$1.020\ 03 \times 10^{-9}$	0.999 936 125	1.000 127 760
60	0.000 095 814	0.999 904 186	$4.080\ 11 \times 10^{-9}$	0.999 872 253	1.000 191 646
80	0.000 127 751	0.999 872 249	$9.180\ 25 \times 10^{-9}$	0.999 808 382	1.000 255 536
100	0.000 159 689	0.999 840 311	$1.632\ 04 \times 10^{-8}$	0.999 744 513	1.000 319 430

5.3.2 多参量回归分析

从上述模拟中可知流量、模型体积非均质度、埋深、注入时间对裂缝的缝长和最大缝宽有较为明显的影响，而压裂液黏度对其影响规律性较弱。对模型缝长及最大缝宽进行统计拟合，可以得出模型的缝长和流量、模型体积非均质度、埋深、注入时间的关系式为

$$L = \frac{(-7\ 099.222 e^{-\frac{t}{581.631}} + 8\ 981.348) q^{0.331}}{V_n^{1\ 672.801} H^{0.364}} \quad (5.2)$$

式中　L——缝长，m；

　　　t——注入时间，s；

　　　q——流量，m³/s；

　　　V_n——体积非均质度；

　　　H——埋深，m。

拟合相关性系数 $R^2 = 0.958$。从式（5.2）中可以看到，水力裂缝的缝长和时间 t 及压裂液流量正相关，与模型的体积非均质度和埋深反相关。依据上述关系式，在 3 000 mL/min 的恒流量注入条件下可以得出如图 5.19 所示的缝长和模型体积非均质度、埋深、注入时间的多参量拟合曲面。

同理可以得出模型最大缝宽和流量、模型体积非均质度、埋深、注入时间的关系式为

$$D = \frac{(-444\,370.133 e^{-\frac{t}{1585.86}} + 425\,765.250) q^{0.871}}{V_n^{4101.105} H^{1.065}} \quad (5.3)$$

式中 D——缝宽，m。

拟合相关性系数 $R^2 = 0.973$。

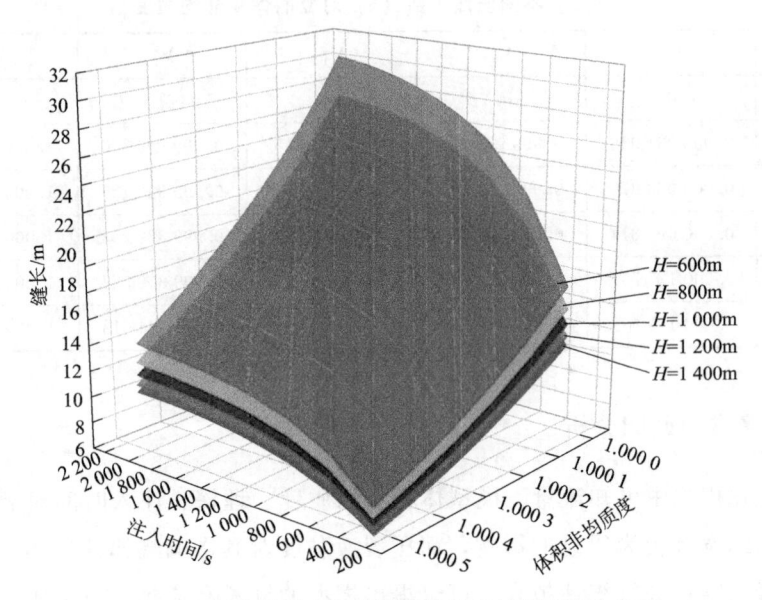

图5.19 恒流量注入条件下裂缝长度与多因数的关系

依据上述关系式，在 3 000 mL/min 的恒流量注入条件下可以得出如图 5.20 所示的模型最大缝宽和模型体积非均质度、埋深、注入时间的多参量拟合曲面。式 (5.3) 是在不考虑压裂液黏度的影响，压裂液仅为水的条件下得出的。从式 (5.3) 中可知，以水为压裂液时，裂缝的宽度与 V_n 及 H 成反相关关系，与压裂液流量正相关，这与其他学者研究成果中关于缝长和缝宽的论述较为一致。在式 (5.2) 和式 (5.3) 中，由于 V_n 项指数较大，体积非均质度对最大水力裂缝的缝长和缝宽影响最大，在煤层气开发工程中应当优先考虑地层条件简单的区域，减少储层非均质度对水力裂缝的影响；缝宽与埋藏深度 H 反相关，与压裂液流量 q 正相关，因此通过加大排量可以达到加快压裂的目的[137]。从式 (5.2)、式 (5.3) 和图 5.19、图 5.20 中可见，裂缝长度和宽度均随着时间的增长而增大，这与 KGD 模型中缝长和缝宽的理论解与时间的关系一致[138]。

5.3.3 多参量对水力裂缝扩展压力的影响

当被压裂的煤层与顶（底）板岩层应力较为接近时，不同地质体的物理力

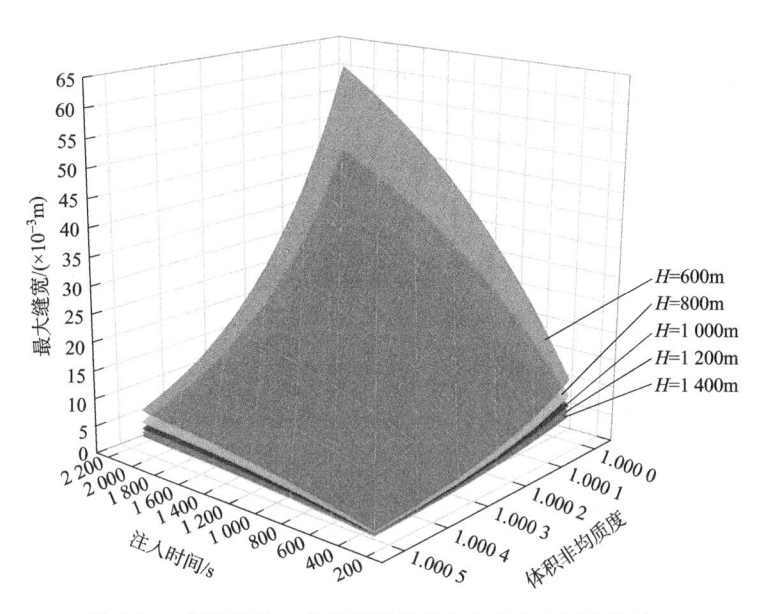

第 5 章　含随机裂缝煤层气储层三维水力裂缝扩展模拟

图 5.20　恒流量注入条件下裂缝最大缝宽与多因数的关系

学性质如弹性模量、抗拉强度、黏聚力等将决定着水力裂缝向较弱的岩体扩展，煤岩中的水力裂缝易被包裹在顶底板限制的范围内[139-141]。模拟结果显示，在 Z 轴方向上，裂缝能在短时间内贯通上下界面，裂缝高度限于上下面层之间；在 XY 平面上水力裂缝沿着最大主应力的方向扩展，在本章模型中沿着 X 轴方向扩展，在 Y 轴方向上亦有较短长度的扩展。如图 5.21 所示，水力裂缝在 XY 平面上的扩展形态近似于椭圆形。可以看到，随着时间的增长，在 X 方向上裂缝向两端扩展；在 Y 方向上随着时间的增长，裂缝扩展幅度越来越小，缝宽不是无限扩大的，而是会达到一个极限值。从受力的角度分析，水压的作用会导致裂缝两侧的固体介质发生位移，引起最小主应力方向上应力值的增大，直至水压和最小主应力方向上的应力最终达到平衡[142]。

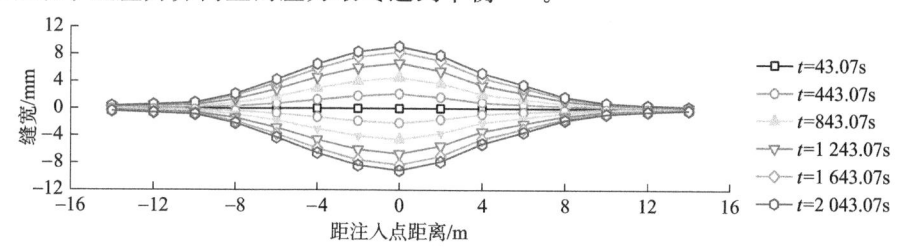

图 5.21　水力裂缝在 XY 平面上的缝宽形态

5.4 小　　结

本章介绍了连续-非连续数值模拟方法中的流体-固体耦合算法，并采用连续-非连续算法软件建立了一个含有 DFN 随机裂隙的深部煤储层水力压裂数值分析模型，通过控制变量方法分别研究了埋藏深度、弱面数量、注入流量、压裂液黏度等对煤储层中三维水力裂缝的扩展形态、缝长、最大缝宽的影响，拟合出了埋深、压裂液流量、时间等多参量与水力裂缝缝长及最大缝宽的关系，讨论了埋深、压裂液流量、时间等变量对煤储层水力裂缝扩展的影响。本章主要研究工作及结论如下：

1) 采用离散裂隙网络模型对非均质的深部煤岩体建模，并采用连续-非连续数值算法实现了深部煤岩体水力裂缝形态与扩展规律的数值分析。

2) 通过控制变量方法分别研究了不同数量随机裂隙、埋深（地应力）、压裂液流量、压裂液黏度等对煤储层水力裂缝形态、破裂压力、缝长、最大缝宽等参数的影响。

3) 定义了体积非均质度的概念，通过多元回归分析得到水作为压裂液时煤储层体积非均质度、埋深（地应力）、压裂液流量是影响裂缝缝长、最大缝宽的主控因素；裂缝缝长、最大缝宽均与体积非均质度及埋深的幂值成反相关关系，与注入流量和注入时间的幂值成正相关关系。

4) 压裂液黏度对煤储层中水力裂缝形态和裂缝特征参数产生重要影响，黏度的增大会阻碍裂缝向前扩展，同时缝宽并没有持续增大，在煤层气储层水力压裂中应当考虑在满足其他工程需要的前提下采用黏度相对低的压裂液进行施工。

第6章　顶板水平井分段压裂数值模拟

世界上主要的抽采煤层气的国家抽采深度大都小于1 000m，但是煤层气资源埋深分布特征研究表明，1 000m以下的深部煤层气资源更丰富，约占煤层气资源总量的61.9%以上，具有重要的战略意义。

我国煤层气开发一般采用直井和水平井的水力压裂技术。水平井抽采煤层气的原理和直井是相同的，但是不同的施工工艺产生了不同的压裂增透效果。二者的不同之处在于，水平井通过平行于煤层段的施工，可以在顶板位置分段对煤层进行压裂，从而增加了压裂的次数和增透面积，极大地增加了煤层中的卸压面积和解析通道。即便在基质条件较为严峻的区域，依然可以通过上述手段增加煤层气的产量。对于特定的储层区块，水平井压裂后的抽采效果取决于地质情况、储层因素和压裂后的裂隙与煤储层的沟通面积，而与煤储层的沟通面积取决于水平井段的长度、压裂裂缝影响面积及压裂裂缝的渗透状况等。一般水平井段的长度越大，控制面积越大，相对的储量越大，目标产能也越高。水力裂缝的形态主要控制压裂区的卸压面积和该面积抽采影响区域的储量。要在分析裂缝的形态特征、复杂程度的基础上确定合理的压裂工艺，如流量控制、压裂液选择。支撑剂应用与否也是决定压裂成败的关键因素。

利用水平井井场覆盖面积大的优点，结合水力压裂储层改造技术对煤层进行分段压裂是当前认可度较高的可大幅度提高产能的技术手段，该技术可以通过使用支撑剂大幅度增加煤储层的解析通道和解析控制面积[143]。埋深大于1 000m的深部煤层气储层还面临着低孔、低渗、高应力、高地温等特征，这决定了必须进行煤层气储层的压裂改造[144-146]。煤层气储层一般较松软，泊松比高而杨氏模量低，直井压裂时压裂砂镶嵌到煤岩中，会使裂缝闭合。水平井采用多段压裂，压裂半径短，从而更易造出可靠的压裂缝或压裂穴[147]。

水力压裂技术是在我国煤层气地面开发中应用十分广泛、技术较为成熟的增产增透储层改造技术，在浅部的煤层气开发中发挥了关键作用。然而，在深部的煤层气储层中水力压裂技术的应用面临如下难题：

1）在煤矿井下通过观测开采揭露的含地面井压裂裂缝的煤层中的水力裂缝可以发现，水力裂缝主要发育在煤岩体中，且最重要的是有效支撑的裂缝的长度较短，其有效支撑长度一般小于30m，远远低于采用监测设备监测到的裂缝的长度[148]。在排水和生产过程中储层压降范围受到限制，也很容易形成粉煤，堵塞解析通道。此外，随着深部煤储层中地应力的增大，支撑剂更易于嵌入煤岩中，导致裂缝闭合。

2）水力裂缝形态难以预测和控制。施加水力压力时压裂液是从井口注入，没有特定的手段控制储层中压裂裂缝的形状（特别是裂缝高度和宽度）。随着煤层埋深和地层破裂压力的增大，水力裂缝形貌的控制难度加大。煤层结构不确定性、天然裂缝发育特征的不确定性、局部地应力分布的不确定性等对煤层裂缝的扩张有显著影响，增加了裂缝分布的不确定性。

3）对于煤层气储层，高压的压裂液会使煤岩体变形，并使得煤岩应力向深处转移，由此产生较小范围的卸压区域，而更多的是应力集中区和原岩应力区[149]。煤层应力集中区煤岩渗透率显著下降，而煤岩中的卸压区域相对较小[150]。与浅层煤藏相比，深部煤藏初始渗透率较低，水力压裂过程中应力传递到储层时渗透性减小，进一步限制了储层的渗透能力[151]。

6.1 水平井在深部煤层气储层改造技术中的优势

中国煤炭科工集团有限公司西安研究院有限公司韩保山博士提出了针对构造煤的"破壁"压裂技术，在煤层顶板的岩层进行压裂施工，可以造出较长且与煤储层沟通较好的压裂裂缝，能够大幅度地提高压裂的效果，提高煤层气的增产效果。该压裂工艺还有其他优点，如降低钻井液的损失、减少压裂液对煤层的损害。韩保山[152]指出，淮北芦岭矿8号煤层厚度大，赋存稳定，但煤体破碎，定向钻钻进困难，经常出现卡钻等事故。将煤层气分段压裂的水平井布置在8号煤层的顶板岩层中，岩性为泥岩、粉砂岩，水平井距离煤层0.6~2m，通过分段压裂，单井最高煤层气日产量可达10 754.8m^3，煤层气总产量达117.9万 m^3，平均每天产出煤层气5 000m^{3}以上，创造了我国构造煤煤层气产气量记录。

6.1.1 水平井改造煤储层的原理

降压是诱导煤层气储层中气体解析的主要因素，而降压并使煤层气向地面运移必须通过工程手段实现。对深部煤层气进行充分的降压解析并将其运移到井口加以开发利用是煤层气开发工作者必须完成的任务。深部煤层气的开发一般采用井下抽采或者钻井抽采的方式进行。考虑对高瓦斯煤层采用先采气后产煤的开发工艺，水平井技术便是通过在地面施工水平井，在煤层内或者围岩中建立解析通道，诱导瓦斯解析和运移，才能有效地抽采出煤层气。

煤层气储层属于含有大量外生裂隙的节理型储层，其裂缝系统包含层理面、外生裂隙、割理、构造滑移面等弱结构面。由于沉积或地层的构造运动不同，天然裂缝发育的大小及产状、充填等皆不相同，煤储层的非均质性较强，很难用统一的材料模型描述。

虽然煤储层中含有大量裂隙构造，但是深部的应力会使这些裂缝处于高度闭合状态，或者由于矿物材料的充填其渗透率极低，这是我国煤层气储层的普遍状况。直井不适于深部煤层气的开发，而水平井能通过独特的钻井轨迹最大限度地与煤储层导通，水平井的末端可以为树叶形，沿着煤储层、顶板或者底板钻进，井管有一段平行于煤层延伸。通过在煤层段多次压裂，可以实现对煤层的多区域增透，且每一段的长度均是合理设计的，从而使得裂缝延伸，以最大限度地抽采煤层气。压裂液携带着支撑剂在煤储层中沿着地应力方向的弱结构面扩展，弱结构面为层理或是与层理面相连通的节理，从而形成复杂的裂隙网络。根据已有的研究结果，并结合能量耗散最小原理，压裂裂缝应优先沿着弱结构面扩展，在弱结构面中扩展时发生的拉伸断裂较多。此时，水力裂缝在天然裂缝中的破裂净压力为[153]

$$P_{net} > \frac{\sigma_H - \sigma_h}{2}(1 - \cos2\theta) \tag{6.1}$$

天然裂缝发生剪切破裂的缝内净压力为

$$P_{net} > \frac{1}{K_f}\left[\tau_0 + \frac{\sigma_H - \sigma_h}{2}(K_f - \sin2\theta - K_f\cos2\theta)\right] \tag{6.2}$$

当压裂裂缝达到一定长度后，会发生裂缝转向，裂缝沿着最大主应力方向延伸，其转向曲率半径为

$$R = \lambda\left[\frac{1}{\sigma_h(\kappa - 1)}\right]^2\sqrt{\frac{E^3\mu_d Q}{H}} \tag{6.3}$$

以上式中　H——缝高，m；

　　　　　P_{net}——缝内净压力，MPa；

　　　　　θ——方位夹角；

　　　　　K_f——天然裂缝面的摩擦因数；

　　　　　τ_0——天然裂缝内岩石黏聚力，MPa；

　　　　　R——裂缝转向曲率半径，m；

　　　　　λ——试验系数，一般取 0.1～0.5；

　　　　　κ——最大水平主应力和最小水平主应力之比；

　　　　　E——岩体弹性模量，MPa；

　　　　　μ_d——流体黏度，10^{-3}Pa·s；

　　　　　Q——压裂液流量，m^3/s。

支撑剂有颗粒支撑和剪切破裂面的自支撑等多种支撑形式。使用支撑剂时，其可嵌入煤岩剪切破裂和拉伸破裂的裂缝面，防止压裂裂缝闭合，形成较为稳定的导流通道，增加储层的渗透性[154]。

水平井抽采煤层气多采用分段多簇压裂方式，每隔一段距离进行一次压裂，这样煤层气的 U 型井或者 L 型井段上会形成多个串珠状的压裂图像。在每个压裂段，理论上每个压裂面重构后的图像在纵向剖面上通常是不规则的椭圆形，多个断裂椭球通过水平井孔的主连接线（图 6.1）。经过井网优化和裂缝形态改造，煤层气井在排水阶段更容易形成体积压降，扩大煤层气解吸漏斗，大大提高煤层气水平井产量。

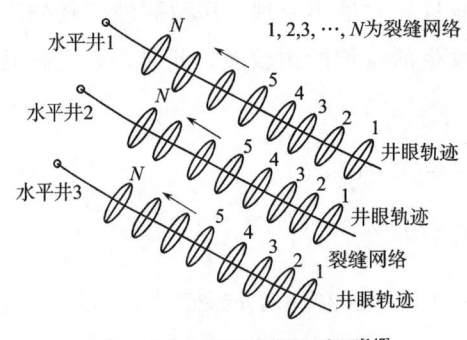

（a）水平井分段压裂裂缝示意图[147]　　（b）某矿水平井现场压裂裂缝能谱监测图[155]

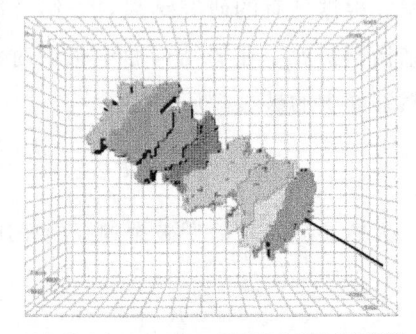

图 6.1　水平井分段压裂裂缝展布图和能谱监测图

6.1.2 水平井水力割缝卸压方法高效开发深部煤层气的原理

深部的煤层气储层具有压力大、渗透率低的特点。水力割缝方法采用定向钻井，分段采用高压水射流冲击煤储层，通过将大量粉状或者粒状的煤岩冲出原有位置造成应力的释放。部分煤岩颗粒的冲出可有效导通原生裂隙和水平井的通道，有效应力的释放会显著打开被高应力闭合的裂缝，应力释放区的煤储层渗透率急剧增加。

(1) 射流割缝形成解析通道，并诱导产生新裂缝

煤层气储层中天然裂缝发育，层理的发育较为稳定，一般平行于层理。节理等裂隙发育往往由于地质构造的原因，具有随机性，很难预测其具体的产状特性，但深部煤储层中层状裂隙和随机分布的节理裂隙网络是必然存在的。定向钻井中的一段井筒可以沿着煤储层钻进，或者沿着顶、底板的位置钻进，这样可大幅度增加储层的接触面积，而分段的水力割缝采用高压射流技术向煤层中切槽，形成切割裂缝，切割裂缝可延伸数十米，极大地沟通了原始煤岩体中的层理裂隙和其他割理裂隙。伴随着煤体颗粒的排出，煤岩中的应力大幅度释放，周围煤体中的煤层气即可大幅度地降压解析。该工艺理论上可以极大地增加煤储层的透气性。随着切缝的形成，切缝两侧的煤岩体会出现应力失稳现象，原有的三维应力平衡被打破，单向卸荷导致深部的煤岩体向切缝空间破裂挤压，再经过射流的作用粉碎后排出井筒。这样，射流区域和影响区煤体中的应力释放充分，裂隙发育充分，渗流通道也很畅通，煤层气资源经解析和导流便可以源源不断地由井筒运移到地面。

(2) 利用地应力变化降低储层压力

定向钻井和水力切割能在煤层中产生多组裂缝，形成大的卸压空间，在钻孔方向相当于使用多层保护层开采卸压，从而可以部分释放内部的原岩压力。同时，在裂缝槽周围形成张力区，这显著增加了煤层基质中裂缝的张开程度，或是产生了新的裂缝。裂缝断裂形式主要是拉伸断裂。新增加的裂缝进一步增大了煤岩层的渗透性，煤层气从煤岩中扩散和渗透，从而释放原岩压力。这就是类似于保护层开采卸压的原理，保护煤层应力状态和提高煤层渗透性，从而提高煤层气抽放效率。与常规钻井抽采相比，该工艺地应力卸压彻底且煤岩体变形较大，其压力释放范围远大于常规钻井。

6.1.3　地面定向井＋水力割缝卸压方法的特点与优势

(1) 多簇平行气体运移通道

直井压裂的煤层水力压裂主裂缝仅有一个，在排水降压阶段，会有粉煤随着排采的水一起流入主裂缝中，导致裂缝部分被堵塞。对于定向井的水力压裂增透方法，一方面水平井明显增加了钻孔与煤层的接触面积，另一方面，多次压裂（割缝）产生的众多解析通道大大增加了煤层气吸入管道的量，解析空间和路径大大优化。因此，煤块（气体、水）和固体颗粒（煤尘）可以通过多个通道流出钻孔，避免单一通道被堵塞。

(2) 压力释放范围和释放程度的扩展

钻进目标明确。根据岩层的展布方位，定向井钻进可以实时传递钻进位置信息给地面操作者。定向钻井会精确地向前方钻进，尽可能按照预定的方案钻到预定储层或者预定储层的邻近层（顶、底板位置），以方便后续作业。

压力释放充分。对于结构和地质条件简单且厚度分布均匀的煤层，沿井方向逐段水力切割为释放煤岩体应力提供了可能，并在裂缝通道周围释放煤岩体压力，从而可以更充分和彻底地释放地应力和煤层气压力。

(3) 强化煤层气的解析与运移

煤层气抽采井在排采初期气产量较低，在达到产气高峰后可以维持一定的稳定产气阶段。这是由于煤层气大量吸附于煤体的微裂隙或者孔中，在进入裂缝系统之前需要解析和扩散两个过程。根据菲克定律，气体扩散速率与煤基质的块体大小成反比，与比表面积成正比，即减小煤基质的块体大小可以快速提高甲烷的扩散速率。因此，增加或减少裂缝的数量和密度及减小裂缝间距对于提高甲烷与煤的解析扩散速率具有相当重要的意义。煤层中分段水力切割形成的断裂槽、应力释放后诱发的二次裂缝系统和增加的一次裂缝孔相互连接，在放射状井周围形成网格状的裂隙系统，减小了瓦斯在煤基质中扩散的距离，提高了解析和扩散速率。

(4) 适用于各种复杂的地质条件

水力压裂通过水力切割破碎岩石并产生裂缝，为释放煤层压力提供空间，并在裂缝槽周围形成拉伸应力区，从而直接引起裂缝槽周围煤岩体压力的释放，避免应力向煤岩层深部转移。由于在水力割缝过程中注入了高压流体，所以它更适合用于深部煤层。同时，水力切割不会在深槽中造成大量流体损失，避免了常规压裂中流体压裂对储层造成的损害。研究表明，我国阜康、鄂尔多斯、临兴等煤层气深部开发区块状构造相对完整，主要由原生煤或裂隙煤组成，这为定向井在深部煤层气开发中的应用提供了坚强的地质保障。实践表明，无论是硬煤还是软煤，都可以通过水力切割缓解压力并增加渗透性。因为软煤层更容易切割和破碎，在软煤层中应用水力切割措施的效果相对显著[156]。

6.2 深部煤层气储层分段压裂数值模拟

6.2.1 模型的建立

图 6.2(a) 所示为在煤层气井顶板中施工水平井分段压裂的示意图，水平井位于顶板的硬岩中，通过水平井分段向煤层中施加压力，形成水力裂缝，抽采深部煤层中的煤层气。张村等[157]针对煤层气开发中水平井水力压裂抽采过程中含裂缝的煤岩组合中的气体流动问题开展了单裂缝煤岩组合的渗透率-应力试验，分析了瓦斯压力、有效应力和煤岩裂隙岩体单个渗透率对组合渗透率的影响。研究发现，随着有效应力的增加，单裂隙煤岩组合的渗透率及其应力敏感性逐渐降低。黄中伟等[158]研究了水平井射孔喷砂技术在深部煤层气开发中的技术原理，通过反重力法实现射孔、压裂，在裂缝延伸方向上实现防砂，并开展了现场试验，获得了极佳的日产气量。

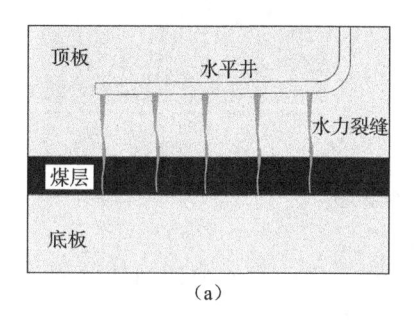

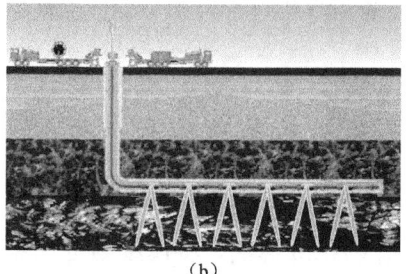

图 6.2 水平井射孔水力压裂示意图[157,158]

目前工业技术试验已经先于理论研究开展，通过射孔可以使注入点深入煤层或在岩层中直接压裂，通过多次压裂可以将支撑剂有效运移到压裂点附近的裂隙中，在一定的间隔距离内起到支撑裂缝的作用。本章将采用数值分析的方法研究水平井分段压裂在深部煤岩中的扩展规律，为深部煤层气资源的开发提供理论和技术支持。模型模拟水平井分段压裂的一个射孔分支，同时参考本书第5章的三维流固耦合模型，将三维模型分解为两个二维模型分别进行研究。同样，参考沁水盆地15号煤层的应力分布及煤层赋存状况，模型尺寸为18m×20m。将水平井布置于煤层顶板中的益处在于顶板的坚硬岩层可以有效地保护主井筒。水平井造价高昂，不能施工于煤岩中，否则遇到塌孔问题将难以保持持久的抽采效果。同时，井筒施工于岩层中，便于钻进过程中的成孔和防治软岩的加钻问题。水平井抽采煤层气在亚美大宁矿煤层气开发中取得了极大的成功，新疆阜康煤层气开发采用该工艺也取得了良好的抽采成绩。

图6.3(a)所示为沿着竖直方向的二维数值模型，模型参考15号煤层的顶、底板情况，水平方向设置了最大主应力，竖直方向设置了垂向应力；图6.3(b)所示为沿着水平方向的二维数值模型，模型中为水平展布的15号煤层，水平方向设置了最大主应力和最小水平主应力。同样，通过设置代码实现模型中不同数量的裂隙面的预制。不同于第5章的三维随机裂隙模型，在本模型中不仅加入了随机分布的二维随机裂隙，还在垂向的模型中加入了层理裂隙。设置该层理裂隙是由于煤层中含有层理，实验中发现层理对水力裂缝的影响显著。

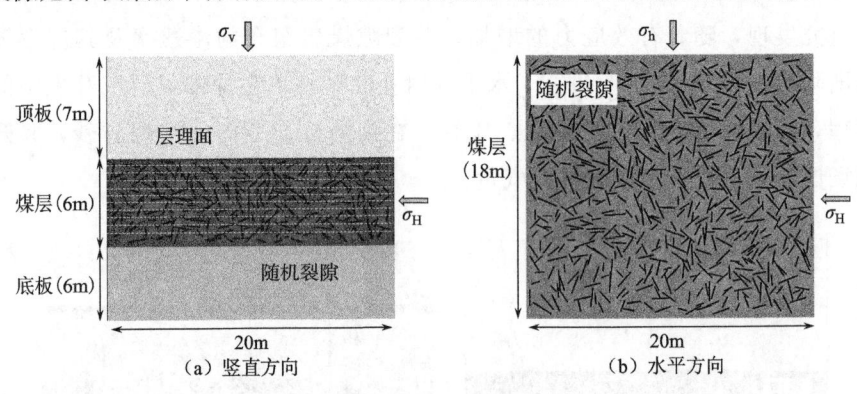

图6.3 二维模型

根据CDEM算法，将模型划分网格后网格内的单元为四面体的固体单元，将其本构模型设置为线弹性本构模型，设置裂隙渗流单元本构模型为脆性断裂的摩尔-库仑本构模型，四面体单元的接触面组成裂隙渗流单元。压裂液注入点位于与模型体积中心最邻近的网格节点，压裂液注入方式选择恒定流量方式。

图6.3(a)中竖直方向的二维模型用于模拟煤储层在切面上的水力裂缝扩展；图6.3(b)中水平方向的二维模型用于模拟煤储层在水平方向的水力裂缝扩展。

6.2.2 生成层理和随机裂隙

DFN 随机裂缝模型采用的是面向对象的地质统计建模方法，所建立的模型对象参数具有随机性和离散性。如图 6.3 所示，通过编制代码在模型中生成随机的硬线来代表天然岩体中的弱面构造，每条硬线有长度、方向等一系列属性。在几何面的空间分布方式上，通常每一条硬线都是随机定位的，随机参数的产生符合威布尔（Weibull）概率分布规律。本模型中硬线数量设定后其两端点坐标随机生成，长度下、上限取 0.5m、1.5m；平行于 XY 平面的 X 轴正方向为走向线走向，走向线与 X 轴的夹角 β 为走向角，设置 β 的取值范围为（0°，180°）；倾角 α 为裂隙面与 XY 平面的夹角，设置 α 的取值范围为（0°，90°）。在图 6.3(a) 的模型中设置随机裂隙数量为 200 个，在图 6.3(b) 的模型中设置随机裂隙数量为 600 个，确保二者在煤储层中的裂隙密度相同。

6.2.3 模型参数设定

本模拟依然按照第 5 章的技术数据，参考已有的沁水煤田 15 号煤层力学特性的研究成果，经过筛选得到表 6.1 中的参数，包括 15 号煤层的力学参数、孔隙特性等，并赋值于模型。

表 6.1　水力裂缝模拟参数

参数	取值	参数	取值
密度	1 400kg/m³	压裂液黏度	1×10^{-3} Pa·s
弹性模量	3.5GPa	抗拉强度	2.05MPa
泊松比	0.30	黏聚力	3MPa
渗透率	$1\times10^{-3}\mu m^2$	内摩擦角	35°
孔隙率	5%	碎胀角	15°
压裂液密度	980kg/m³	注入流量	3×10^{-2} m³/s

对沁水盆地深部地应力特征的研究可知沁水盆地地应力整体表现为"浅部离散，深部收敛"的特征，临界深度以下地应力分布特征普遍为 $\sigma_H>\sigma_v>\sigma_h$ 的状态，符合"深部收敛"的特征。最大水平主应力与埋深的关系满足 $\sigma_H=0.031\,7H-1.082\,1$；最小水平主应力与埋深的关系满足 $\sigma_h=0.021\,7H-1.594$；中间主应力来源于上覆岩层的重力，满足 $\sigma_v=0.027H$。取埋藏深度分别为 800m、1 000m、

1 200m、1 400m、1 600m共5组不同深度的应力作为应力参数。

6.3 垂向二维压裂数值模拟

6.3.1 水力裂缝在煤岩和岩层中的竞争扩展

水力裂缝在顶板和煤岩中竞争起裂时,经数值分析计算,确定煤岩中的水力裂缝占绝大多数,裂缝优先在煤储层中扩展。注入点位置不同,水力裂缝的扩展形态不同(图6.4)。当注入点在煤岩分界面上的顶板位置时[图6.4(a)],水力裂缝会延伸到煤储层中扩展,且分布范围较大,煤岩分界面上也会有大量水力裂缝扩展,仅有小部分的裂缝在岩层中扩展。当注入点在煤岩分界面上时[图6.4(b)],水力裂缝在煤储层中扩展的裂缝较多、范围较大。在岩层中扩展的水力裂缝仅有较小的分支,且水力裂缝沿着煤岩分界面的扩展较快,能迅速扩展到边界。总的裂隙规模较小,压入的压裂液总量也较低。图6.4(c)所示为注入点在煤层中且靠近煤岩分界面时,水力裂缝沿着最大主应力的方向扩展,水力裂缝的分支裂隙在煤储层中和煤岩分界面上扩展较为明显,但水力裂缝没有穿过煤岩分界面向顶板岩层中扩展。图6.4(d)所示为注入点在煤层中,此时水力裂缝在近似于椭圆形的平面上沿着最大主应力方向扩展,分支裂缝较多,但没有到达煤岩与底板的分界面。而在岩层中通过远离煤岩分界面的注入点模拟发现,在深部应力环境下,远离煤岩分界面的注入点产生的水力裂缝也很难扩展到煤储层中,这主要是最大水平主应力和垂向应力的应力差较大的缘故,较大的应力差引导水力裂缝向最大主应力方向扩展。

不同注入点模型开度与破裂度监测曲线如图6.5所示。注入点在煤岩分界面上的坐标点(10,11)时破裂压力为74.203MPa,注入点在煤层中的坐标点(10,10)和(10,9)时破裂压力分别为56.932MPa、54.574MPa,说明破裂强度最大的是顶板岩体,所消耗的能量也最大。同时,由于煤储层中含有大量随机赋存的节理裂隙和层理裂隙,起裂压力会显著降低,且不稳定。如图6.5所示,注入点在煤岩分界面上时压裂后破裂程度最低,因为此时裂缝沿着煤岩分界面向前扩展,很少在煤岩和岩层中产生水力裂缝。在岩体中压裂时,裂缝出现在岩层中,双向穿透煤岩分界面后进入煤岩体中扩展,此时破裂程度比注入点在煤岩分界面上时要提高很多。煤岩中起裂并扩展的两个计算例子中破裂度较为接近，比前两种情况破裂程度要高，说明在煤岩中压裂裂缝可以更好地扩展。

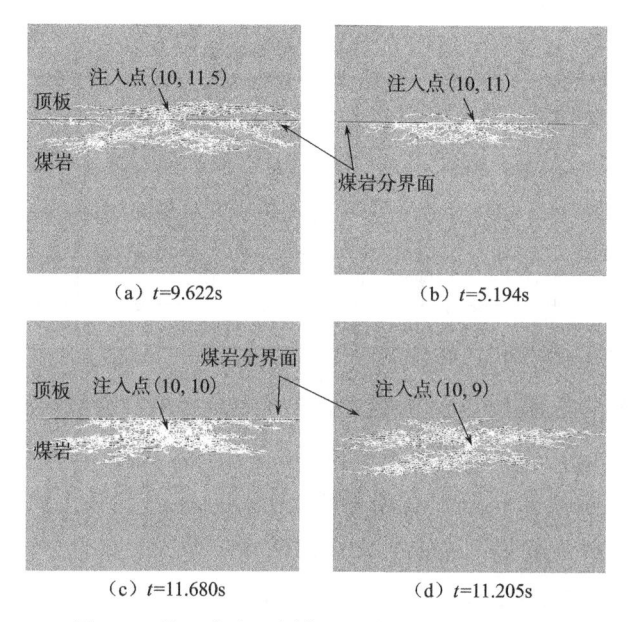

图 6.4 注入点在不同位置的水力裂缝扩展形态

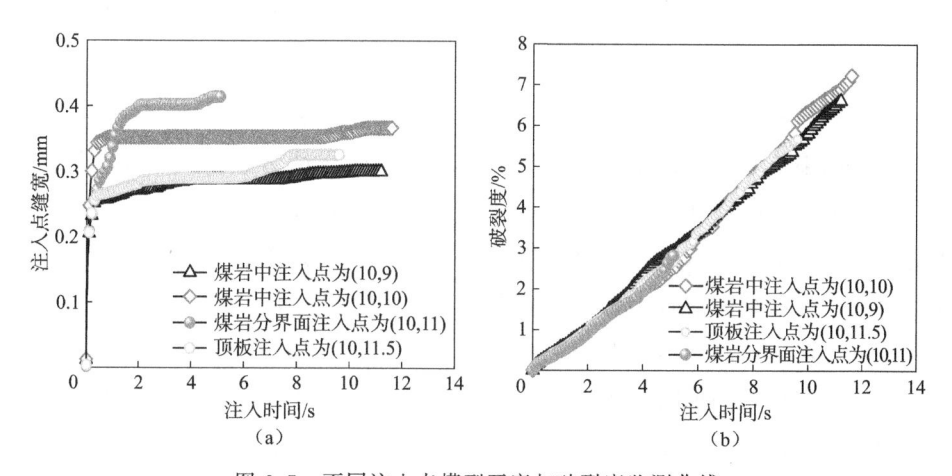

图 6.5 不同注入点模型开度与破裂度监测曲线

6.3.2 埋深对水力裂缝在垂向扩展的影响

按照表 6.1 中的参数设置，分别模拟埋深在 800m、1 000m、1 200m、1 400m、1 600m 的应力环境下水力裂缝在垂直方向的扩展工况，其地应力值见

表 6.2。由表 6.2 可知，埋深的增加引起地应力的增大，从而对纵向水力裂缝的扩展产生影响。

表 6.2 不同埋深的地应力

埋深/m	σ_h/MPa	σ_v/MPa	σ_H/MPa
800	15.766	21.6	24.277 9
1 000	20.106	27.0	30.617 9
1 200	24.446	32.4	36.957 9
1 400	28.786	37.8	43.297 9
1 600	33.126	43.2	49.637 9

图 6.6 所示为埋深 1 000 m 的水力裂缝在煤储层中沿着纵切面起裂和扩展的过程。在系统实现应力平衡后，随着压裂液的注入，水力裂缝起裂并扩展，由于煤层中存在大量天然裂缝和层理裂隙，水力裂缝的扩展受到了明显的影响，裂隙网络发育，并沿着最大主应力方向向两端延伸。在垂直方向水力裂缝也有一定的延伸距离。12.097 s 时，水力裂缝延伸到了顶板的边界位置，随后在上边界沿着煤岩分界面扩展，但没有突破煤岩分界面向顶板扩展，水力裂缝的扩展受到了顶板的限制。同时，由于注入点靠近顶板，水力裂缝的下半部分没有延伸到底板。

采用低黏度的水作为压裂液时，裂缝将在煤储层中扩展出极为复杂的裂隙网络，裂缝集中于煤岩当中且十分密集，地应力的作用引导了主裂缝的扩展方向，而煤岩中的层理和割理构造影响了缝网的密集程度。裂缝在竖直方向的扩展受到了坚硬顶板的限制，同样，底板对水力裂缝也是限制的，这决定了煤岩中的水力裂缝在纵向沿着煤岩可以延伸较远，与众多学者的观点是一致的。

图 6.7 所示为同一注入点［坐标（10，9）］同一流量在不同埋深的水力裂缝扩展图，可见不同埋藏深度的煤储层中水力裂缝几乎都会被限制在顶、底板的岩层当中，这说明煤作为一种较软的岩层，在其力学强度、黏聚力等都小于岩层的情况下，水力裂缝会在煤岩中传播，而不会扩展到顶、底板中。

根据 CDEM 算法，解算水力裂缝在垂直方向的最大缝宽时，由于产生裂缝时裂缝两侧对称的两个质点会发生方向相反的位移，相对位移越大则代表缝宽越大，本次模拟中采用注入点（10，9）上下两点（10，11）和（10，7）在裂缝中产生的相对位移测算缝宽。求解得知，在不同埋深情况下，随着时间的增

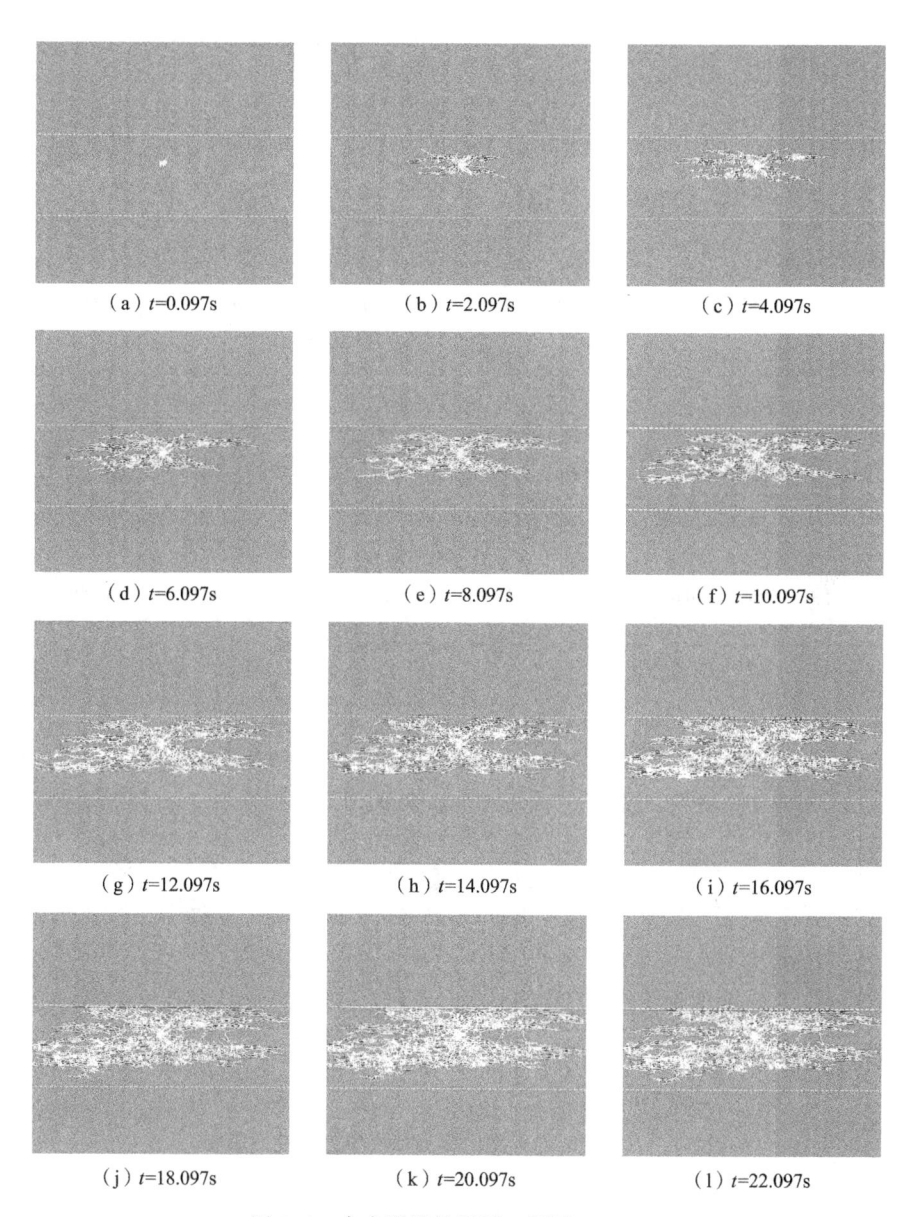

第 6 章　顶板水平井分段压裂数值模拟

(a) t=0.097s
(b) t=2.097s
(c) t=4.097s
(d) t=6.097s
(e) t=8.097s
(f) t=10.097s
(g) t=12.097s
(h) t=14.097s
(i) t=16.097s
(j) t=18.097s
(k) t=20.097s
(l) t=22.097s

图 6.6　水力裂缝扩展图（埋深 1 000m）

长，注入点水力裂缝的宽度增大，但没有太明显的变化［图 6.8(a)］。这一结论与 5.3.3 节是一致的，只是在这里纵向的缝宽解析得更加具体。在该二维平面模型当中，破裂度同样随着时间的增长而增大，即随着压裂液注入流量的增大而增大，二者近似为线性关系，且破裂度不随着储层埋藏深度的增加而增大［图 6.8(b)］。

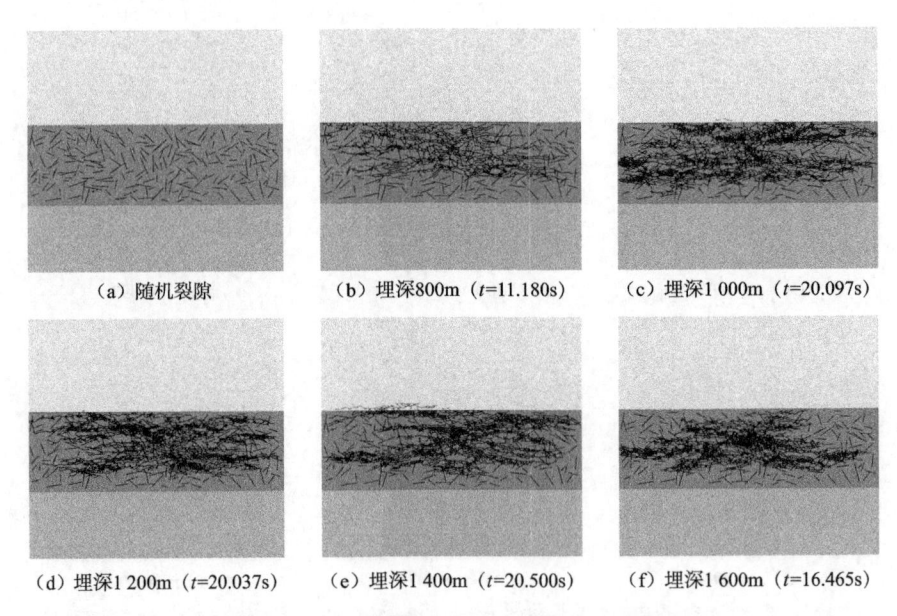

(a) 随机裂隙　　　　　(b) 埋深800m (t=11.180s)　　　　　(c) 埋深1 000m (t=20.097s)

(d) 埋深1 200m (t=20.037s)　　　(e) 埋深1 400m (t=20.500s)　　　(f) 埋深1 600m (t=16.465s)

图 6.7　不同埋深的水力裂缝扩展图

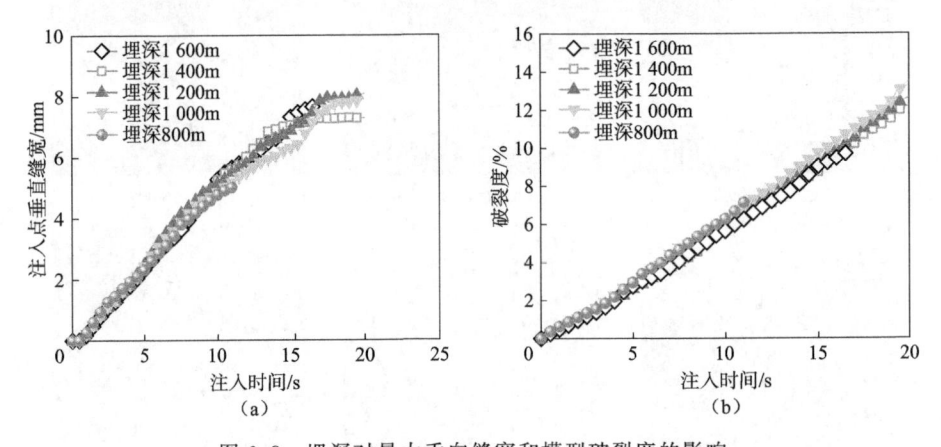

图 6.8　埋深对最大垂向缝宽和模型破裂度的影响

6.3.3　压裂液流量对水力裂缝在垂向扩展的影响

按照表 6.1 中的参数模拟在埋深为 1 000m 的应力环境下分别设置压裂液的流量为 $1\times10^{-2}\text{m}^3/\text{s}$、$3\times10^{-2}\text{m}^3/\text{s}$、$5\times10^{-2}\text{m}^3/\text{s}$、$7\times10^{-2}\text{m}^3/\text{s}$、$9\times10^{-2}\text{m}^3/\text{s}$ 时水力裂缝在垂直方向扩展的情况，研究流量的逐步增加对纵向水力裂缝扩展的影响。

图 6.9 所示为采用的清水黏度为 1×10^{-3}Pa·s 时纵向上水力裂缝扩展的图像。随着压裂液注入流量的增大，裂缝扩展范围大幅度增大。图 6.10 所示为不同流量的水力裂缝扩展图像。可以发现，在相同的时间间隔内，随着注入流量的增大，水力裂缝张开的面积增大。对比图 6.9 可以发现，流量较小时相同时间内水力裂缝尚不能到达边界和顶、底板，流量增大到 9×10^{-2} 后，在较短时间内裂缝就扩展到了边界和顶、底板。从图 6.9 和图 6.10 可见，水力裂缝沿着层理和最大主应力叠加的方向的扩展非常明显。不管哪一种情形，都存在这样的扩展类型，即沿着最大主应力方向上的层理和随机裂隙扩展，部分水力裂缝还存在明显的转弯现象。

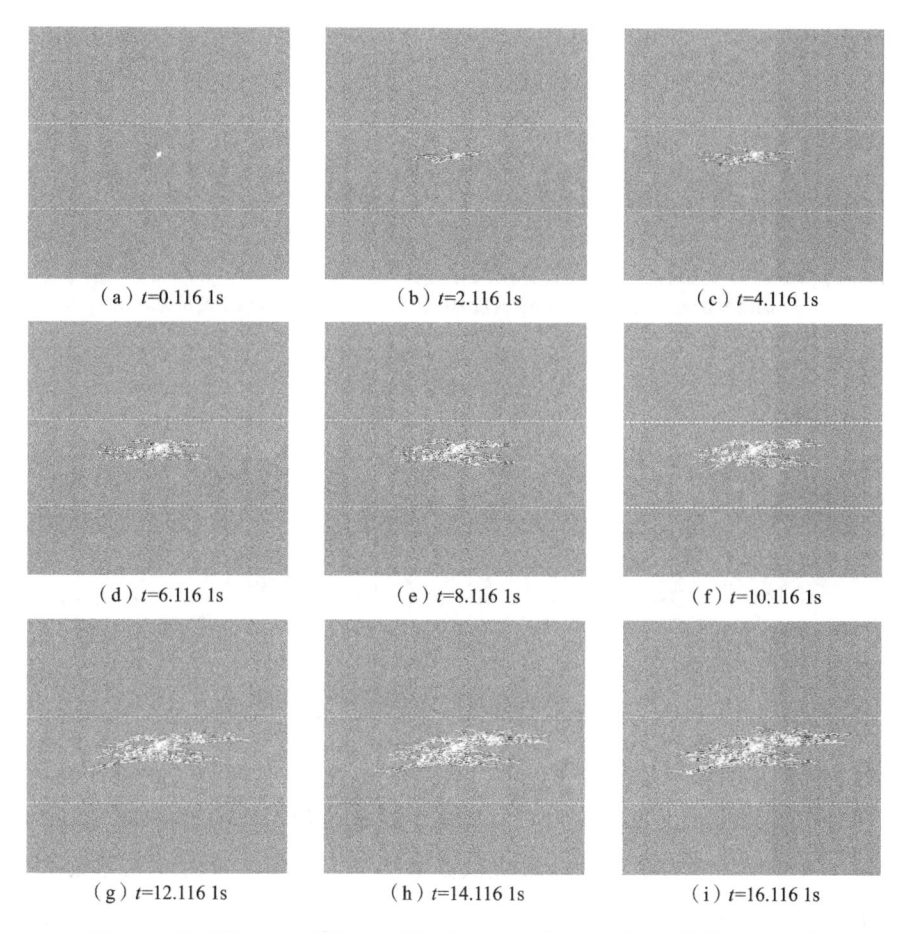

(a) t=0.116 1s (b) t=2.116 1s (c) t=4.116 1s

(d) t=6.116 1s (e) t=8.116 1s (f) t=10.116 1s

(g) t=12.116 1s (h) t=14.116 1s (i) t=16.116 1s

图 6.9　黏度为 1×10^{-3}Pa·s 流量为 3×10^{-2}m³/s 时水力裂缝扩展图像

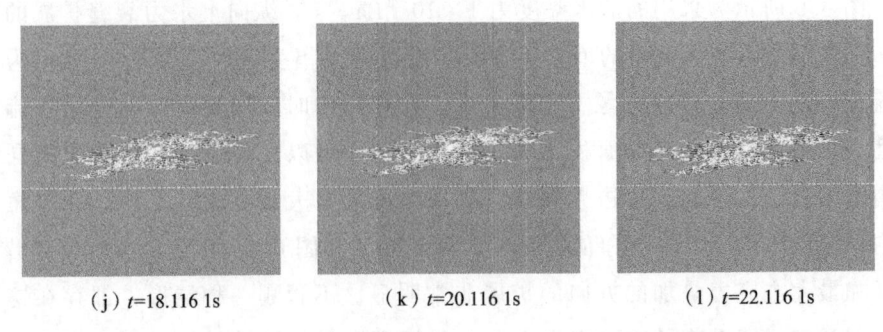

(j) t=18.116 1s　　(k) t=20.116 1s　　(l) t=22.116 1s

图 6.9　黏度为 1×10^{-3} Pa·s 流量为 3×10^{-2} m³/s 时水力裂缝扩展图像（续）

（a）随机裂隙　　（b）流量为 1×10^{-2} m³/s（t=8.116s）　　（c）流量为 3×10^{-2} m³/s（t=8.097s）

（d）流量为 5×10^{-2} m³/s（t=8.131s）　　（e）流量为 7×10^{-2} m³/s（t=8.130s）　　（f）流量为 9×10^{-2} m³/s（t=8.113s）

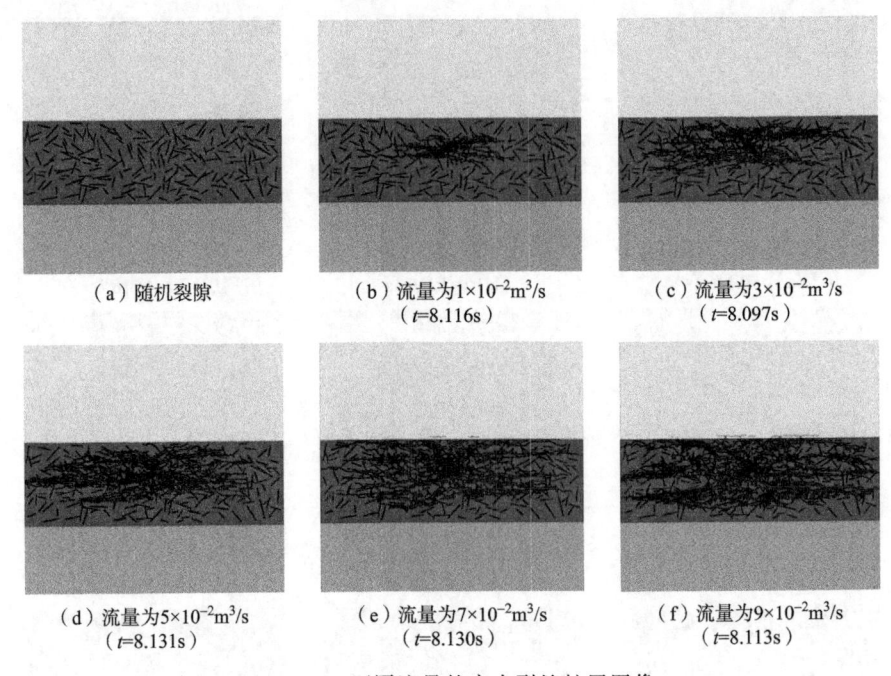

图 6.10　不同流量的水力裂缝扩展图像

将中间部位的煤岩单独解算，求出其二维分形维数，可以得出如图 6.11(a) 所示的分形维数的变化规律。在同一模型中其他参数不变的情况下，仅增大压裂液的注入流量，水力裂缝的分形维数是减小的，说明流量的增大导致水力裂缝的形态复杂程度降低。图 6.11(b) 所示为上述压裂液流量的增大引起的水力裂缝形态分形维数的变化率急剧增大，表明流量的增大幅度越高则裂缝形态复杂程度变化越快。

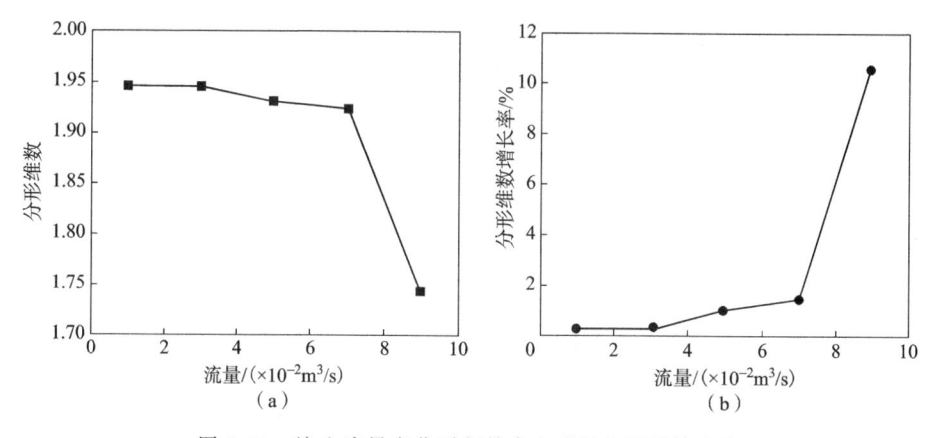

图 6.11 注入流量变化引起的水力裂缝分形维数变化

图 6.12(a) 所示为不同注入流量条件下注入点纵向最大缝宽与时间的关系曲线,可以看出,随着流量的增大,缝宽整体上增大趋势明显,但是也有流量为 $7\times 10^{-2} m^3/s$ 和 $9\times 10^{-2} m^3/s$ 时接近的情况,这可能是因为注入点周围存在层理或者外生裂隙等干扰因素。图 6.12(b) 所示为不同流量情况下模型的破裂度随注入时间变化的情况,可以看出,在相同的注入时间内模型的破裂度随着流量的增大而增大,随着时间的增长,同一个模型破裂度近似为线性增大。这不难理解,注入流量的大幅度增加引起破裂的大幅度发生,从能量的角度,注液泵功率和做功的增大引起了破裂的增加。

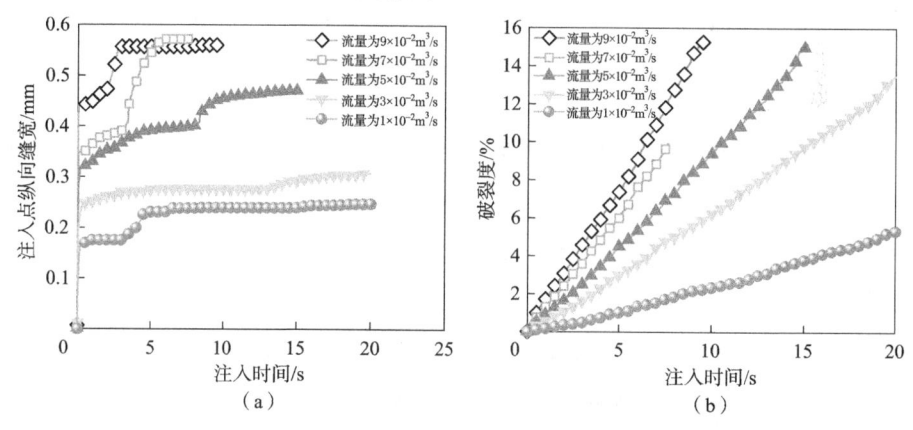

图 6.12 流量对最大垂向缝宽和模型破裂度的影响

6.3.4 压裂液黏度对水力裂缝在垂向的影响

按照表 6.1 中的参数,模拟在埋深 1 000 m 的应力环境下分别设置压裂液的

黏度为 1×10^{-3} Pa·s、6×10^{-3} Pa·s、11×10^{-3} Pa·s、16×10^{-3} Pa·s、21×10^{-3} Pa·s 时水力裂缝在垂直方向的扩展情况，研究黏度的增大对纵向水力裂缝扩展的影响。图 6.13 所示为采用的清水黏度为 21×10^{-3} Pa·s 时纵向上水力裂缝扩展的图像。随着黏度的增大，主裂缝的形态特征更加清晰，即主裂缝凸显而分支裂缝明显减少。与图 6.9 相比可以发现，随着黏度增大，裂缝的缝网收缩成几个主裂缝进行扩展。

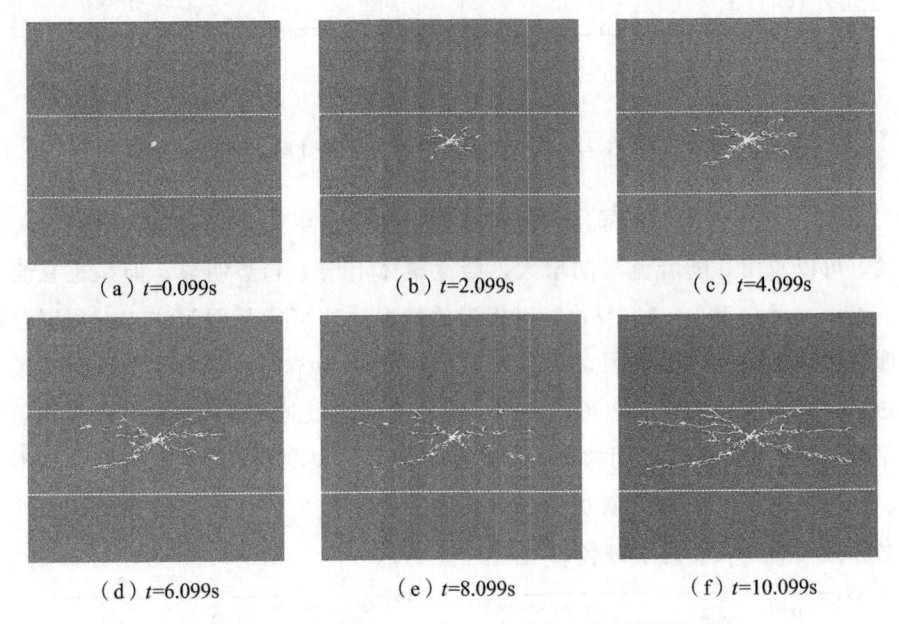

(a) t=0.099s (b) t=2.099s (c) t=4.099s

(d) t=6.099s (e) t=8.099s (f) t=10.099s

图 6.13　黏度为 21×10^{-3} Pa·s 时水力裂缝扩展图像

图 6.14 所示为不同黏度时水力裂缝的扩展图像。可以发现，在相同的时间间隔内，随着压裂液黏度的增大，水力裂缝的张开面积变化不大，水力裂缝收缩到了几个明显的主裂缝中，分支裂缝减小。对比图 6.14 中各图可以发现，黏度较小时（1×10^{-3} Pa·s）时水力裂缝缝网结构复杂，而黏度增大到 6×10^{-3} Pa·s 以上后缝网只有几个简单的分支了，且黏度越大转弯半径越大。

将中间部位的煤岩单独解算，求出其二维分形维数，可以得出如图 6.15(a) 所示的分形维数的变化规律，即无水力裂缝时图形分形维数最大，随着压裂液黏度增大，水力裂缝增长，图形的分形维数减小，但是黏度为 $6\times10^{-3}\sim21\times10^{-3}$ Pa·s 时水力裂缝的分形维数变化不大。

第 6 章　顶板水平井分段压裂数值模拟

(a) 随机裂隙

(b) 黏度为$1×10^{-3}$Pa·s
(t=8.097s)

(c) 黏度为$6×10^{-3}$Pa·s
(t=8.081s)

(d) 黏度为$11×10^{-3}$Pa·s
(t=8.107s)

(e) 黏度为$16×10^{-3}$Pa·s
(t=8.108s)

(f) 黏度为$21×10^{-3}$Pa·s
(t=8.099s)

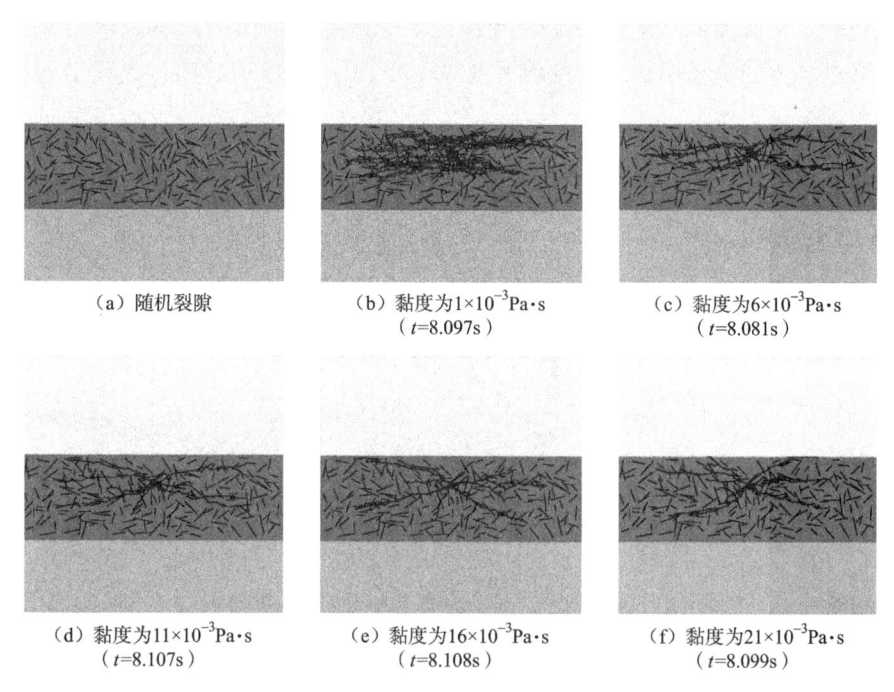

图 6.14　不同黏度时水力裂缝扩展图像

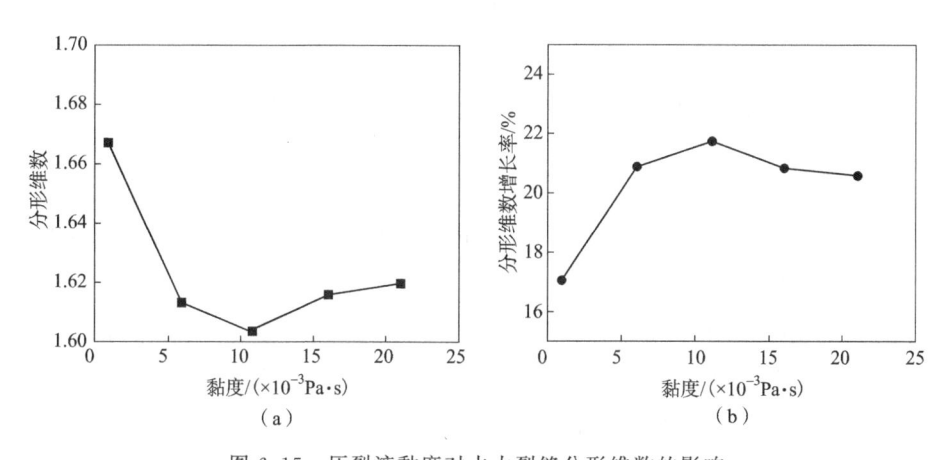

(a)

(b)

图 6.15　压裂液黏度对水力裂缝分形维数的影响

图 6.16(a) 所示为注入点纵向缝宽与压裂液黏度的关系曲线，可以看出，随着压裂液黏度的增大，缝宽整体上增大趋势明显，但是当黏度增大到 $11×10^{-3}$Pa·s 以上后，最大缝宽不再继续增大，这与纵向的顶、底板岩层的弹性模量较大有关。图 6.16(b) 所示为不同黏度情况下模型的破裂度与注入时间的关系曲线，可以看出，模型的破裂度并没有随着黏度的增大而增大，当黏度增大

时，破裂度反而降低。这是由于裂缝的扩展受到黏度的影响，压裂液的黏度越大，形成的主裂缝越明显，黏度增大到 6×10^{-3}Pa·s 以上后则各黏度下的模型破裂度就很接近了。

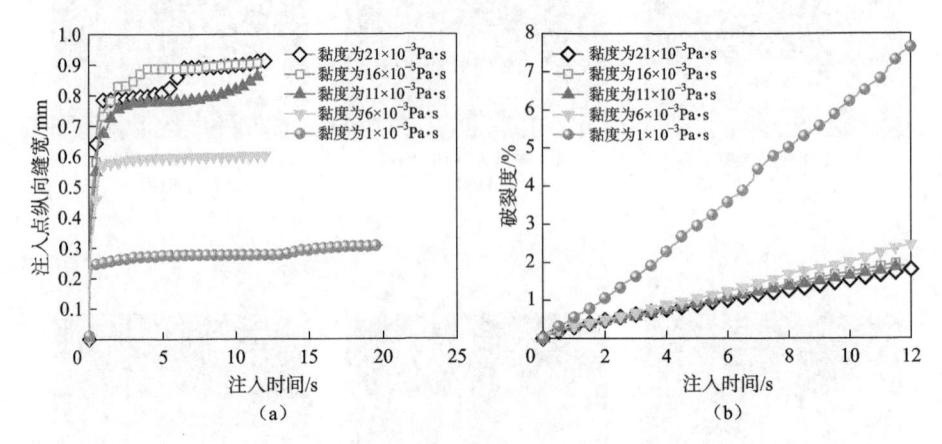

图 6.16 黏度对注入点纵向缝宽和模型破裂度的影响

6.4 水平方向二维压裂数值模拟

6.4.1 埋深对裂缝扩展的影响

按照表 6.1 中的参数，模拟埋深在 800m、1 000m、1 200m、1 400m、1 600m 的应力环境下埋深逐步增加引起的地应力增大对煤层气储层中二维模型水平方向水力裂缝扩展的影响。

图 6.17 所示为水平面内的煤储层中水力裂缝的扩展形态，与纵向的裂缝相比，水平方向水力裂缝缝网较为聚集，缝网不发育，且裂缝整体上呈现出注入点处缝宽明显、两端缝宽衰减较快的特点。这与卢义玉[151]的观点较为一致，即煤岩层中的水力裂缝缝宽衰减较快，支撑剂的有效支撑位置有限，端部位置很难达到有效支撑。

图 6.18 所示为水平面内的煤储层中在相近的时间内不同埋深的水力裂缝的延伸形态，可以看出，随着埋深的增加，裂缝的形态趋近于紧凑，即在相同的时间内，裂缝外边缘的轮廓越来越小。例如，对比 800m 埋深和 1 600m 埋深来看，800m 时裂缝即将扩展到边界，而 1 600m 时裂缝扩展距离远远小于 800m 时

的扩展范围,且网格聚集在一起,说明在此深度下水力裂缝扩展所需要的能量要远大于深度较浅时,但是水力裂缝在形态上更加趋向于向椭圆形扩展,这与第 5 章的研究结果也是一致的。

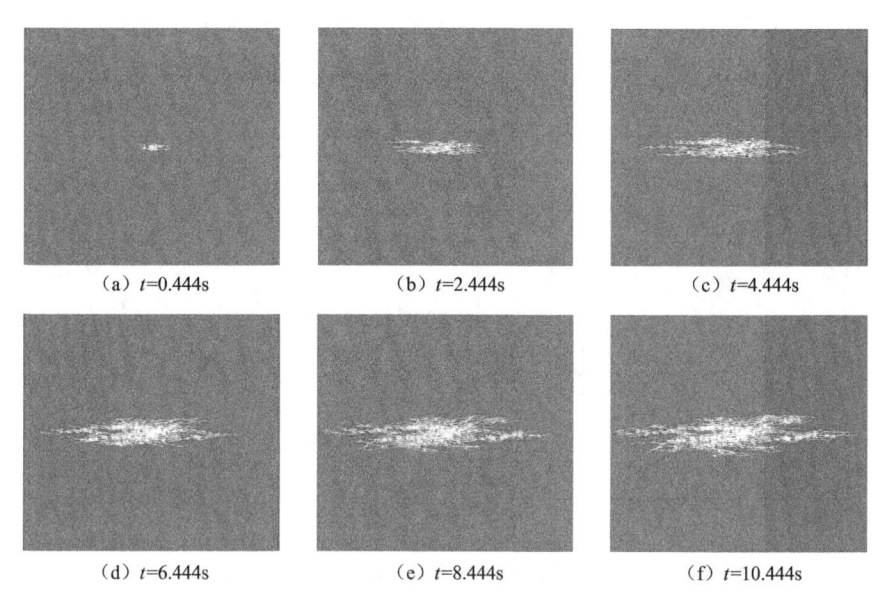

(a) t=0.444s (b) t=2.444s (c) t=4.444s

(d) t=6.444s (e) t=8.444s (f) t=10.444s

图 6.17 水平面水力裂缝扩展形态(埋深为 1 600m)

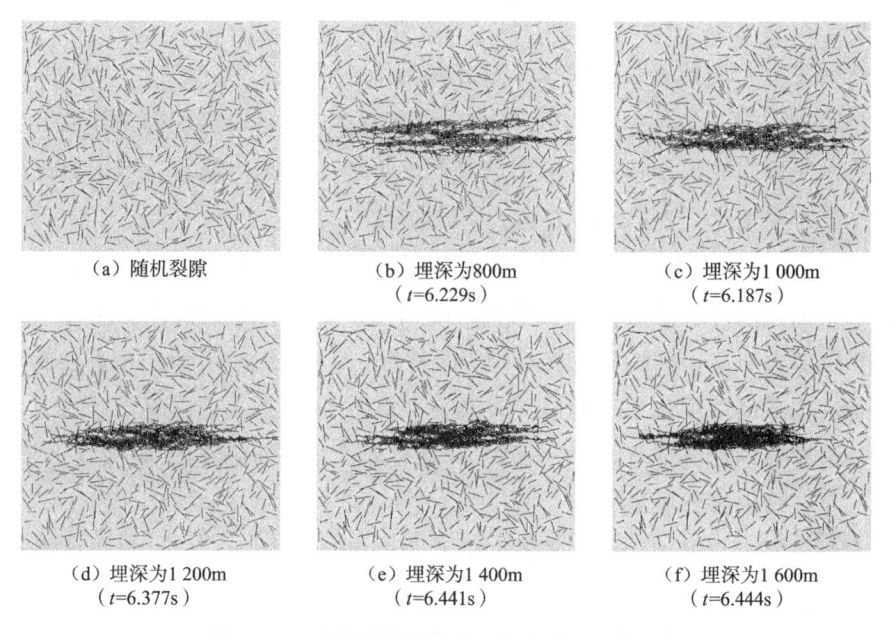

(a) 随机裂隙 (b) 埋深为 800m (t=6.229s) (c) 埋深为 1 000m (t=6.187s)

(d) 埋深为 1 200m (t=6.377s) (e) 埋深为 1 400m (t=6.441s) (f) 埋深为 1 600m (t=6.444s)

图 6.18 不同埋深的水平面水力裂缝延伸形态

与纵向水力裂缝相比，水平方向的水力裂缝明显较大，这与煤岩的弹性模量和泊松比特性有关，同时煤岩在水平方向上是广泛延伸的，这与纵向煤被顶、底板限制也有一定关系。如图 6.19(a) 所示，不同埋深的注入点位置单一裂缝的缝宽随着埋深的增大而减小。如图 6.19(b) 所示，不同埋深的注入点缝宽随着埋深的增大而明显减小，这与第 5 章中三维模型的研究结果是较为相似的。

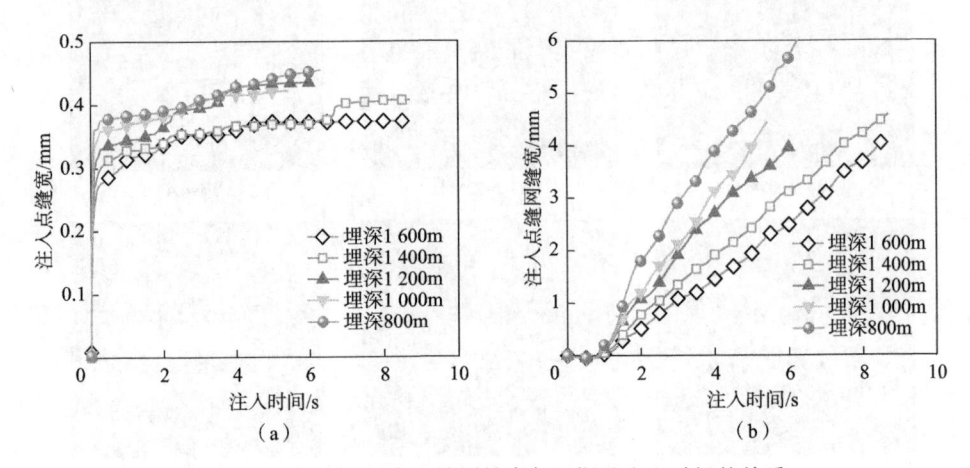

图 6.19　注入点缝宽和缝网缝宽与埋深及注入时间的关系

6.4.2　压裂液流量对水力裂缝的影响

按照表 6.1 中的参数，模拟流量分别为 $1\times10^{-2}\mathrm{m}^3/\mathrm{s}$、$2\times10^{-2}\mathrm{m}^3/\mathrm{s}$、$3\times10^{-2}\mathrm{m}^3/\mathrm{s}$、$4\times10^{-2}\mathrm{m}^3/\mathrm{s}$、$5\times10^{-2}\mathrm{m}^3/\mathrm{s}$ 时埋深为 1 000m 深度应力环境下水力裂缝在水平方向的扩展情形，研究流量的逐步增加引起的地应力增大对煤层气储层中二维模型水平方向水力裂缝扩展的影响。

图 6.20 所示为水平面内的煤储层中水力裂缝的扩展形态。与纵向的裂缝相比，水平面内水力裂缝缝网较为聚集，缝网不发育，且裂缝整体上呈现出注入点处裂缝缝宽明显、两端缝宽衰减较快的特点。图 6.21 所示为在相近的时间内水平面内的煤储层中水力裂缝在不同流量下的扩展形态，可以看出，随着流量的增加，裂缝的形态趋于开阔。此时水力裂缝的形态同样趋于向椭圆形扩展，这也与第 5 章的研究结果一致。

与纵向水力裂缝相比，水平方向的水力裂缝明显较大，这与煤岩的弹性模量和泊松比特性有关；同时，煤岩中的水力裂缝在水平方向上是广泛延伸的，这与纵向煤岩被顶、底板限制也有一定的关系。如图 6.22(a) 所示，不同注入点位置的单一裂缝的缝宽随着流量的增大而略有增大。如图 6.22(b) 所示，注入点缝网缝宽随着流量的增大而明显增大，这与第 5 章中三维模型的研究结果是较为相似的。

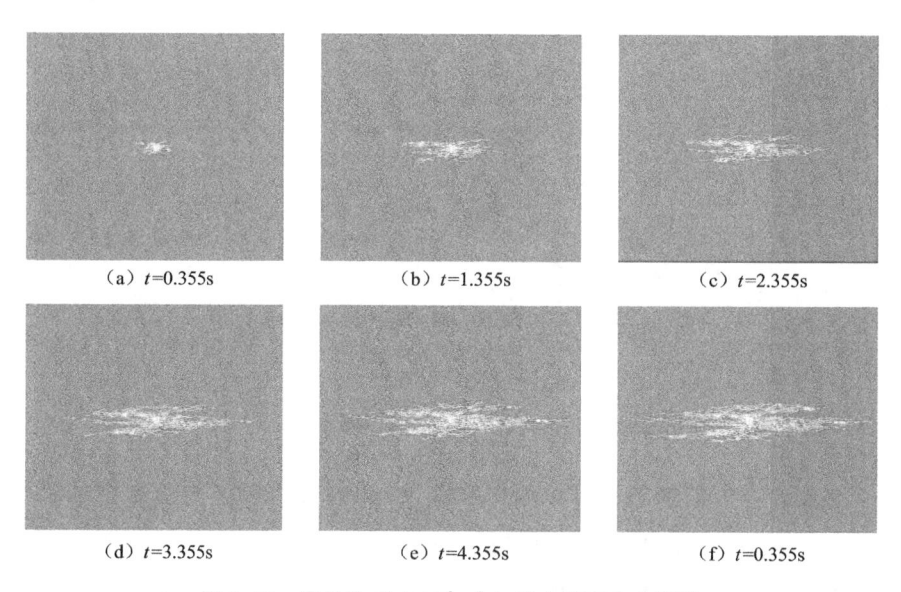

(a) t=0.355s　　(b) t=1.355s　　(c) t=2.355s

(d) t=3.355s　　(e) t=4.355s　　(f) t=0.355s

图 6.20　流量为 $5\times10^{-2}\mathrm{m}^3/\mathrm{s}$ 时水平面水力裂缝

(a) 随机裂隙　　(b) 流量 $1\times10^{-2}\mathrm{m}^3/\mathrm{s}$ (t=5.381s)　　(c) 流量 $2\times10^{-2}\mathrm{m}^3/\mathrm{s}$ (t=5.338s)

(d) 流量 $3\times10^{-2}\mathrm{m}^3/\mathrm{s}$ (t=5.361s)　　(e) 流量 $4\times10^{-2}\mathrm{m}^3/\mathrm{s}$ (t=5.325s)　　(f) 流量 $5\times10^{-2}\mathrm{m}^3/\mathrm{s}$ (t=5.355s)

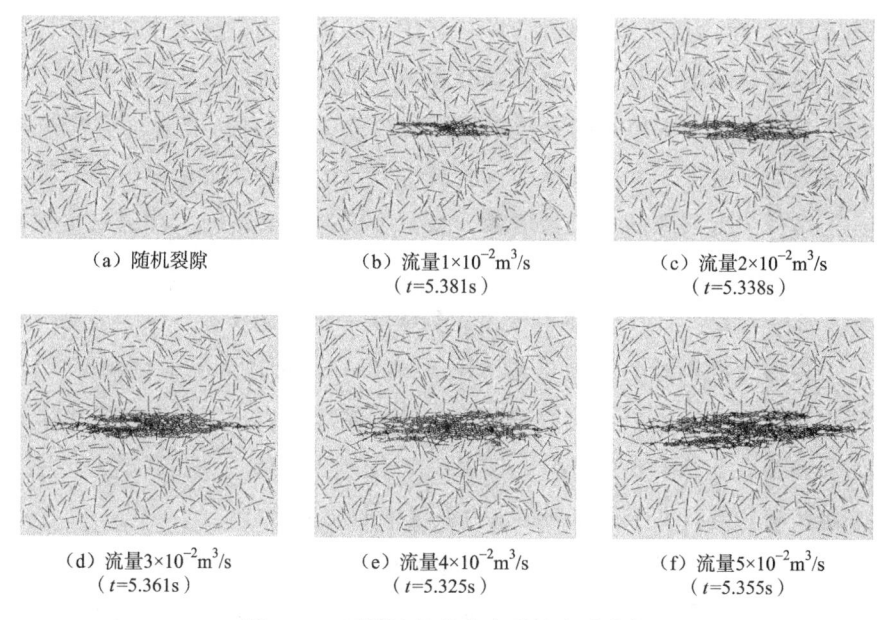

图 6.21　不同流量的水力裂缝水平形态

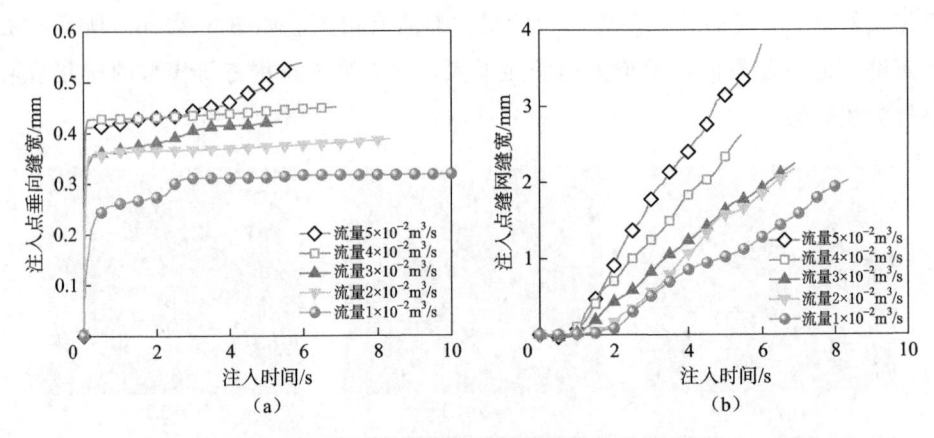

图 6.22 注入点缝宽和缝网缝宽与流量的关系

6.4.3 压裂液黏度对裂缝的影响

按照表 6.1 中的参数,模拟埋深在 1 000m 的应力环境下压裂液的黏度为 $1×10^{-3}$Pa·s、$6×10^{-3}$Pa·s、$11×10^{-3}$Pa·s、$16×10^{-3}$Pa·s、$21×10^{-3}$Pa·s 时水力裂缝在水平方向的扩展情况,研究黏度的逐步增大对水平方向水力裂缝扩展的影响。

图 6.23 所示为压裂液黏度为 $21×10^{-3}$Pa·s 时水力裂缝水平扩展图像,可以看出,随着时间的增长,水力裂缝沿着最大主应力的方向扩展。在这个过程中,由于黏度增大,水力裂缝不再以缝网的形式扩展,而是产生了几个主要的分支。水力裂缝集中于大的裂缝上,从理论上讲大裂缝处水流集中,裂隙分支较少,但单一分支裂隙的水流量增大,水力裂缝缝宽会增大,有利于支撑剂的运移。

图 6.24 所示为不同压裂液黏度水力裂缝水平扩展图像。当压裂液黏度较低时,水力裂缝为椭圆状的缝网构造[图 6.24(a)],此时由于压裂液黏度较低,压裂液更容易扩展进入更多的微裂隙中。随着黏度增大,裂缝形态发生了很大变化。当黏度大于等于 $6×10^{-3}$Pa·s 后,产生了主裂缝,且黏度越大,主裂缝的形态越清晰,越有利于支撑剂在水力裂缝中向前运移。

压裂液黏度较小时产生的裂隙多数宽度较小,不适于支撑剂的长距离扩展,支撑剂多停留在压裂液注入点附近区域,故采用水平井的分段多簇压裂,每隔一段距离进行一次压裂,可以有效地增大煤储层的卸压增透区域。

第 6 章　顶板水平井分段压裂数值模拟

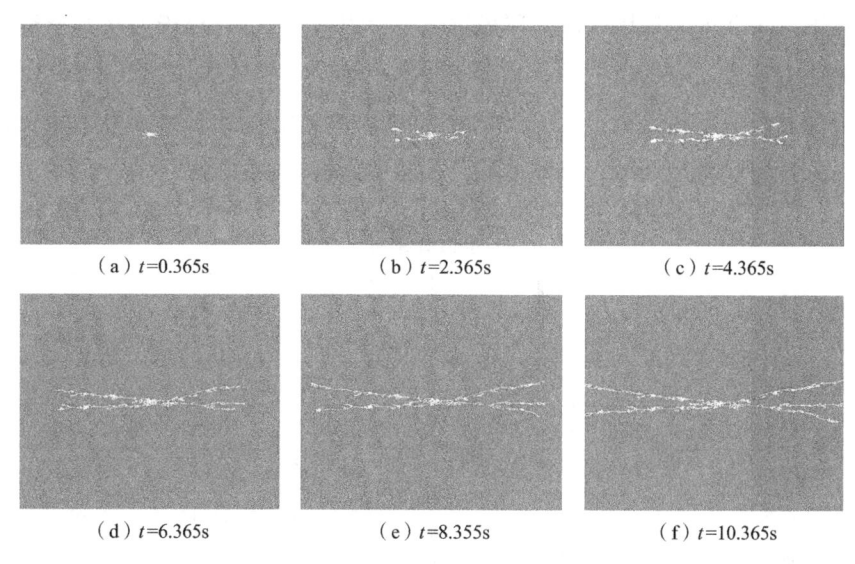

(a) $t=0.365s$　　　(b) $t=2.365s$　　　(c) $t=4.365s$

(d) $t=6.365s$　　　(e) $t=8.355s$　　　(f) $t=10.365s$

图 6.23　压裂液黏度为 21×10^{-3} Pa·s 时水力裂缝水平扩展图像

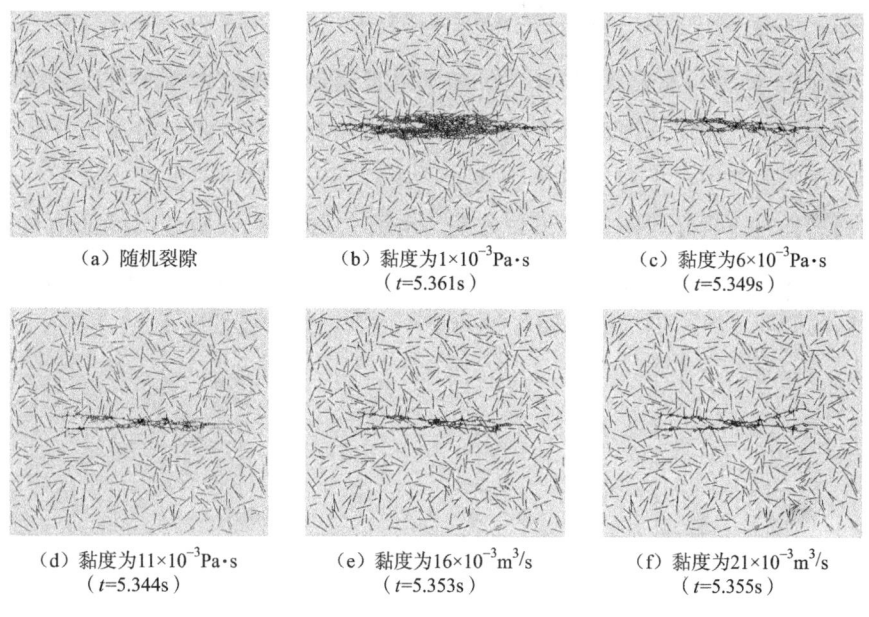

(a) 随机裂隙　　　(b) 黏度为 1×10^{-3}Pa·s　　　(c) 黏度为 6×10^{-3}Pa·s
　　　　　　　　　　　　($t=5.361s$)　　　　　　　　　　　($t=5.349s$)

(d) 黏度为 11×10^{-3}Pa·s　　　(e) 黏度为 16×10^{-3}m³/s　　　(f) 黏度为 21×10^{-3}m³/s
　　　($t=5.344s$)　　　　　　　　　　($t=5.353s$)　　　　　　　　　　($t=5.355s$)

图 6.24　不同压裂液黏度水力裂缝水平扩展图像

6.4.4　煤岩中裂缝宽度的规律

为了验证深部煤储层在水平井分段多簇压裂下裂缝的宽度可以有效地将支

撑剂接纳入裂缝中，将压裂液黏度设置为 $20×10^{-3}$ Pa·s，以提升压裂液携带支撑剂的能力，通过改变参数再次解算在水平方向水力裂缝的缝宽与延伸距离的关系。通过模拟，找出裂缝张开的大小规律，并对比支撑剂颗粒大小和裂缝的宽度关系，判断支撑剂可否有效运移到裂缝中。模拟参数见表 6.3。

表 6.3 水力裂缝模拟参数

参数	取值	参数	取值
密度	1 400 kg/m³	煤岩的黏聚力	3 MPa
弹性模量	3.5 GPa	煤岩内摩擦角	35°
泊松比	0.30	煤岩碎胀角	15°
渗透率	$1×10^{-3}$ μm²	注入流量	$3×10^{-2}$ m³/s
孔隙率	5%	最大水平主应力	30.6 MPa
压裂液密度	980 kg/m³	最小水平主应力	20.1 MPa
压裂液黏度	$21×10^{-3}$ Pa·s	垂向应力	27 MPa
抗拉强度	2.05 MPa		

由公式（5.2）和公式（5.3）可知水力裂缝最大缝长和缝宽与压裂液流量成正相关关系，和注入时间成正相关关系，与体积非均质度和埋深成反相关的关系。在此模型中，可以知道体积非均质度和埋深一定的前提下，模型的最大缝宽和缝长与流量和时间成正相关关系。由图 6.25 可见，随着时间的增长，缝宽是增大的，但增大的幅度越来越小；随着延伸距离的增大，缝宽越来越小，在固定的时间 t 内，裂缝缝宽随着延伸距离增大近似于线性减小。

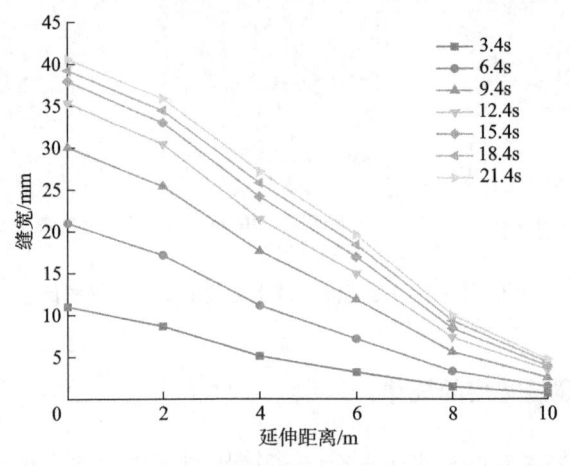

图 6.25 煤储层中水力裂缝缝宽随延伸距离的变化

此次模拟解算中在时间 $t=21.4s$ 时注入点的缝宽为 40.6mm，模型边界部位即距离注入点 10m 处裂缝的宽度也达到了 4.7mm，而支撑剂的粒径普遍小于 1.25mm，支撑剂在自身粒径 3 倍的缝隙中可以有效地运移。因此可以推测，深部煤层中水平井多段压裂可以有效地解决支撑剂在井口运移距离较近的问题，给每一个压裂点的分支裂缝以有效的支撑。

6.5 小　　结

水平井分段多簇水力压裂工艺可以通过多次压裂有效地提高煤层气储层整体的增透效果。将模型分解为水平方向和竖直方向的两个二维模型进行研究，可以清晰地得出水力裂缝在竖直方向和水平方向的扩展形态和规律。模拟结果显示，由于煤储层中层理是连续分布的，外生裂隙一定程度上增加了煤储层中弱结构面的连续性。水力裂缝在深部煤储层中的扩展受到地应力的影响，但其局部路径沿着层理和外生裂隙的弱结构面。水力裂缝缝网整体上沿着最大主应力方向扩展，层理面和随机裂隙面是主要的缝网扩展路径，即最大主应力方向决定缝网整体的扩展方向，而层理裂隙和随机节理决定分支裂隙的具体路径。

在垂直方向，当注入点在煤岩体中时，煤储层水力压裂裂缝在纵向上会限定在顶板和底板之间的煤岩体内，难以突破顶、底板的限制。裂缝在水平方向上会向着最大主应力的方向扩展。地应力对水力裂缝的引导作用明显，尤其在与层理面平行的方向裂缝扩展明显。注入点在煤岩分界线附近时水力裂缝会沿着煤岩分界线加速扩展，并集中在煤岩分界线附近，不利于缝网的形成。采用清水压裂且注入点在煤岩体中部时可以清晰地看到水力裂缝的缝网极为发育，压裂液会沟通层理和较多的随机裂隙来扩大裂隙的延伸范围，但是在竖直方向水力裂缝的缝宽均较小。

在水平方向，清水压裂时裂缝缝网发育，裂缝形态趋向于椭圆形。埋藏深度的增加会引起裂缝缝网外边界的缩小，裂缝区域减小，相同的时间内裂缝扩展的距离缩短，这意味着埋深的增大引起地应力的增加，导致水力裂缝扩展困难。同时，埋深的增大会导致缝宽减小。压裂液流量的增加与埋深增大的作用相反，流量加大时裂缝缝网外边界增大，相同时间内裂缝扩展的长度加大，缝宽加大。压裂液黏度的增大会使缝网的形态发生很大变化，缝网改变为主裂缝的形状，且随着黏度的增大主裂缝形态越发明显，此时水力裂缝的缝宽增大明显，有利于支撑剂进入裂缝中。

在纵向模型中设置层理面及随机裂隙后，经比较，水力裂缝的扩展形态与试验更加趋向于一致。将仅存在 DFN 随机裂隙的模型修正为含有连续层理结构和 DFN 随机裂隙的模型，将模型分析的结果和诸多研究成果进行对比分析，发现该模型更加趋近于真实的场景。与原位揭露的裂缝进行分析对比，发现该模型更加接近于现场实际。

第 7 章　结论与展望

7.1　主　要　结　论

本书以沁水煤田 1 000～2 000m 深度的 15 号煤层气储层为研究对象，采用文献资料分析、理论分析、实验室试验、数值模拟研究等多种研究方法相结合，对沁水盆地深部煤层气储层的水力裂缝扩展规律进行研究，为我国深部煤层气的合理而高效开发提供依据。本书主要结论如下：

1) 层理面和外生裂隙是影响煤岩体力学性质的重要因素。煤岩的力学性质受到层理效应的影响，还受到外生裂隙的重要影响，可以统称为弱结构面效应的影响。垂直于层理面且垂直于外生裂隙的煤岩力学强度往往较高，这里的力学强度包括抗拉强度和抗剪切强度，可以理解为不含弱结构面的煤基质的力学强度大于含弱面构造的煤岩的力学强度。"弱结构面效应"是导致煤岩体力学性质各向异性和发生破坏的重要因素。煤岩试件在受力破坏的过程中会发生明显的声发射撞击现象，同时伴随着能量的释放。随着加载的进行，煤岩内部的微裂纹扩展并逐渐沟通成大面积的破裂面，当轴向荷载达到峰值时将出现突然的声发射撞击的爆发和能量的急剧释放，破裂面形成，引起试件的破裂失稳。声发射事件往往在破裂面周边集聚。

2) 室内试验表明，深部应力环境下煤岩中水力裂缝起裂沿着层理面居多（60%），其次为沿外生裂隙（40%），这与水力裂缝起裂与扩展的经典理论相差很大。水力裂缝在扩展过程中遵循能量消耗最低的原则，沿着外生裂隙起裂和扩展的平均能量低于沿着层理面起裂和扩展的平均能量。基于 CT 和图像三维重构技术可以解算出煤岩试件中离散性层理裂隙的平均分布开度（0.094 7mm）和外生裂隙的平均分布开度（0.194 0mm），层理离散性裂隙的平均分布开度小于外生裂隙的平均分布开度，这决定了外生裂隙和层理不同的强度特性、破裂能耗特性和起裂优先顺序。计算结果显示,含有明显矿物充填的试件在起裂和扩展过程中的能量损耗会大幅增加。压裂后煤试件的裂隙分形维数增长率为1.11%~5.14%,随着水平主应力差增大,水力裂缝的裂隙分形维数增长率有增大的趋势,但波动性也很大,这与煤岩试件内部裂隙的复杂性相关。沁水盆地深部水平主应力差异系数 k 随着埋深增大而减小,均小于 1.04 的临界值,可以推测该区域深部的煤层气储层水力裂缝的扩展方向不会受到最大水平主应力方向的强烈控制,即地应力对水力裂缝的引导作用不强。

3)通过多元回归分析得到采用水作为压裂液时煤储层体积非均质度、埋深(地应力)、压裂液流量是影响裂缝缝长、最大缝宽的主控因素;裂缝缝长、最大缝宽均与体积非均质度的幂值及埋深的幂值成反相关的关系,与注入流量的幂值和注入时间的幂值成正相关的关系。压裂液黏度对煤储层中水力裂缝形态和裂缝特征参数亦产生重要影响,黏度的增大会阻碍裂缝向前扩展,同时缝宽并没有持续增大。因此,在煤层气储层水力压裂中应当考虑在满足其他工程需要的前提下采用黏度相对较低的压裂液进行施工。

4)通过建立水平井分段多簇水力压裂模型并分析得出,通过多次压裂可以有效地提高煤层气储层的整体增透效果。将模型分解为水平方向和竖直方向的两个二维模型进行研究,可以清晰地得出水力裂缝在竖直方向和水平方向的扩展形态和规律。模拟结果显示,由于煤储层中存在的层理是连续分布的,外生裂隙在一定程度上增强了煤储层中弱结构面的连续性。水力裂缝在深部煤储层中的扩展受到地应力的影响,但是其具体的局部路径是沿着层理和外生裂隙的弱结构面的。水力裂缝缝网整体上沿着最大主应力方向扩展,层理面和随机裂隙面是缝网主要的扩展路径,即最大主应力方向决定缝网整体的扩展方向,而层理裂隙和随机的节理决定分支裂隙的具体路径。

5)在垂直方向,当注入点在煤岩体中时,煤储层水力压裂裂缝在纵向上会限定在顶板和底板之间的煤岩体内,难以突破顶、底板的限制。裂缝在水平方向会向着最大主应力的方向扩展。地应力对水力裂缝的引导作用明显,尤其在与层理平行的方向上扩展明显。注入点在煤岩分界线附近时水力裂缝会沿着煤岩分界线加速扩展,不利于缝网的形成,水力裂缝集中在煤岩分界线附近。采用清水压裂且注入点在煤岩体中部时可以清晰地看到水力裂缝的缝网极为发育,压裂液会沟通层理和较多的随机裂隙来扩大裂隙的延伸范围,但是在竖直方向水力裂缝的缝宽均较小。

6）埋深增大会导致缝宽减小，压裂液流量增加与埋深增大的作用相反。流量加大时裂缝缝网外边界增大，相同时间内裂缝扩展长度加大，裂缝缝宽加大；压裂液黏度增大引起缝网的形态发生很大变化，缝网改变为主裂缝的形状，且随着黏度增大主裂缝形态越发明显，此时水力裂缝的缝宽增大明显，有利于支撑剂进入裂缝当中。

7）在纵向模型中设置层理及随机裂隙后，经比较，水力裂缝的扩展形态与试验更加趋于一致，故对三维模型进行了修正，将仅存在随机裂隙的模型修正为含有连续层理结构和随机裂隙的模型。将此模型运行的结果和诸多研究成果进行对比分析，发现该模型更加趋近于真实的场景。对原位揭露的裂缝进行分析对比，发现该模型更加接近现场实际。

为较准确地建立煤层气储层模型以便进行水力压裂的数值模拟，本书提出在模型中设置稳定的层理裂隙和随机分布的节理裂隙的"双重裂隙结构"模型，并进行了二维和三维的水力压裂数值模拟运算，运算结果和试验及煤层气井井下勘察的结果具有一致性。

7.2　主要创新点

1）基于 CT 图像三维重构算法，建立了不同结构面内水力压裂裂缝的破裂能和扩展能计算模型，揭示了水力压裂裂缝扩展时能量耗散的层面效应。

2）提出了煤层气储层水力裂缝转向临界值的确定方法，揭示了水平主应力差异系数对水力压裂裂缝扩展的影响规律。

3）建立了含随机裂隙的三维储层数值模型，提出了水力压裂裂缝参数的确定方法。

7.3　不足与展望

随着化石能源开采及采煤深度的增加，传统的采矿技术会使越来越多的甲烷（煤层气）涌入大气层，对全球气候变暖产生难以估量的后果。我国"碳中和、碳达峰"目标的提出和落实为煤炭行业明确了绿色发展的方向，而我国煤炭行业必将寻找到一条既有利于当下又服务于长远的战略发展路径。本书根据现场勘察的资料和理论分析进行了试验和模拟研究，但限于笔者的能力，本书仍然存在很多不足之处。

1）数值模拟技术对煤储层的精确描述需要修改和完善。层理面和节理面的力学特性缺乏精确的测试方法和可靠的标准，这会给数值分析的求解带来误差。现有的煤储层水力压裂数值模型仍需要进一步修正。

2）精确描述地层中不同区域的构造应力的技术尚不清晰，很难清晰地了解深部煤储层局部区域的地应力分布特征，这会影响煤储层水力压裂过程中水力裂缝扩展方向的精确预测。

3）深部煤储层或者其他储层中的断裂构造和弱结构面的精确描述和探测仍然是一个技术难题，该问题的解决有利于深部储层的精确建模。

参考文献

[1] 徐凤银,闫霞,林振盘,等. 我国煤层气高效开发关键技术研究进展与发展方向[J]. 煤田地质与勘探, 2022, 50 (3): 1-14.

[2] 黄中伟,李国富,杨睿月,等. 我国煤层气开发技术现状与发展趋势[J]. 煤炭学报, 2022, 47 (9): 3212-3238.

[3] 史建勋,熊伟,张晓伟,等. 中国煤层气与页岩气产业发展比较[J]. 油气与新能源, 2022, 34 (3): 30-35.

[4] 秦勇,申建,史锐. 中国煤系气大产业建设战略价值与战略选择[J]. 煤炭学报, 2022, 47 (1): 371-387.

[5] 徐凤银,杨赟. "双碳"目标下中国煤层气产业高质量发展途径[J]. 石油知识, 2022 (2): 24-26.

[6] 孟召平,李国富,田永东,等. 晋城矿区废弃矿井采空区煤层气地面抽采研究进展[J]. 煤炭科学技术, 2022, 50 (1): 204-211.

[7] 郭旭升,杨帆,孙川翔,等. 鄂尔多斯盆地石炭系—二叠系煤系非常规天然气勘探开发进展与攻关方向[J]. 石油与天然气地质, 2022, 43 (5): 1013-1023.

[8] 金之钧,张金川,唐玄. 非常规天然气成藏体系[J]. 天然气工业, 2021, 41 (8): 58-68.

[9] 赵群,杨慎,钱伟,等. 中国非常规天然气开发现状及前景思考[J]. 环境影响评价, 2020, 42 (5): 34-37.

[10] 韩东娥,韩芸,郭永伟,等. 山西省非常规天然气产业发展研究[J]. 煤炭经济研究, 2021, 41 (1): 37-42.

[11] 刘成林,朱杰,车长波,等. 新一轮全国煤层气资源评价方法与结果[J]. 天然气工业, 2009, 29 (11): 130-132.

[12] 李振涛. 煤储层孔裂隙演化及对煤层气微观流动的影响[D]. 北京:中国地质大学, 2018.

[13] 康永尚,孙良忠,张兵,等. 中国煤储层渗透率分级方案探讨[J]. 煤炭学报, 2017, 42 (S1): 186-194.

[14] 宋晨鹏,卢义玉,夏彬伟,等. 天然裂缝对煤层水力压裂裂缝扩展的影响[J]. 东北大学学报(自然科学版), 2014, 35 (5): 756-760.

[15] 袁志刚，王宏图，胡国忠，等．穿层钻孔水力压裂数值模拟及工程应用［J］．煤炭学报，2012，37（S1）：109-114．

[16] 申晋，赵阳升，段康廉．低渗透煤岩体水力压裂的数值模拟［J］．煤炭学报，1997（6）：22-27．

[17] 门相勇，娄钰，王一兵，等．中国煤层气产业"十三五"以来发展成效与建议［J］．天然气工业，2022，42（6）：173-178．

[18] 秦勇，申建，李小刚．中国煤层气资源控制程度及可靠性分析［J］．天然气工业，2022，42（6）：19-32．

[19] 龚杰立，李国富，李德慧，等．山西省煤层气勘查开发现状及探索［J］．煤田地质与勘探，2022，50（2）：39-47．

[20] 闫丽君，张仲伍．山西煤层气资源开发现状、利用及未来展望［J］．城市地理，2018（4）：138．

[21] 卢义玉，黄杉，葛兆龙，等．我国煤矿水射流卸压增透技术进展与战略思考［J］．煤炭学报，2022，47（9）：3189-3211．

[22] 康红普，冯彦军，张震，等．煤矿井下定向钻孔水力压裂岩层控制技术及应用［J］．煤炭科学技术，2023，51（1）：31-44．

[23] 康红普，姜鹏飞，冯彦军，等．煤矿巷道围岩卸压技术及应用［J］．煤炭科学技术，2022，50（6）：1-15．

[24] 张辰庆．基于测井资料及水力压裂试验的页岩气储层可压性评价方法及其应用［D］．重庆：重庆大学，2020．

[25] 邵玉宝．宿县矿区水力压裂裂缝微地震监测技术应用分析［J］．煤炭技术，2020，39（4）：91-93．

[26] 陈世达，汤达祯，陶树，等．沁南—郑庄区块深部煤层气"临界深度"探讨［J］．煤炭学报，2016，41（12）：3069-3075．

[27] 李辛子，王运海，姜昭琛，等．深部煤层气勘探开发进展与研究［J］．煤炭学报，2016，41（1）：24-31．

[28] 庚勐，陈浩，陈艳鹏，等．第4轮全国煤层气资源评价方法及结果［J］．煤炭科学技术，2018，46（6）：64-68．

[29] GEERTSMA J, KLERK F D. A rapid method of predicting width and extent of hydraulically induced fractures [J]. Journal of Petroleum Technology, 1969, 21 (12): 1571-1581.

[30] NORDGREN R P. Propagation of a vertical hydraulic fracture [J]. Society of Petroleum Engineers Journal, 1970, 12 (4): 306-314.

[31] ADVANI S H, LEE T S, LEE J K. Three-dimensional modeling of hydraulic fractures in layered media: part I-finite element formulations [J]. Journal of Energy Resources Technology, 1990, 112 (1): 1-9.

[32] MACK M G, ELBEL J L, et al. Numerical representation of multilayer hydraulic fracturing [J]. International Journal of Rock Mechanics and Mining Sciences & Geomechanics Abstracts, 1993, 30 (2): A84.

[33] DONG C Y, PATER C. Numerical implementation of displacement discontinuity method and its application in hydraulic fracturing [J]. Computer Methods in Applied Mechanics & Engineering, 2001, 191 (8/10): 745-760.

[34] YAMAMOTO K, SHIMAMOTO T, SUKEMURA S. Multiple fracture propagation model for a three-dimensional hydraulic fracturing simulator [J]. International Journal of Geomechanics, 2004, 4 (1): 46-57.

[35] ZHAO J Z, CHEN X Y, LI Y M, et al. Simulation of simultaneous propagation of multiple hydraulic fractures in horizontal wells [J]. Journal of Petroleum Science and Engineering, 2016 (147): 788-800.

[36] SHIN D H, SHARMA M M. Factors controlling the simultaneous propagation of multiple competing fractures in a horizontal well [J/OL]. Pearson/Prentice Hall, 2014. DOI: 10.2118/168599-MS.

[37] ZHANG Z, ZHANG S, ZOU Y, et al. Experimental investigation into simultaneous and sequential propagation of multiple closely spaced fractures in a horizontal well [J]. Journal of Petroleum Science and Engineering, 2021, 202 (1): 108531.

[38] LI X G, YI L P, YANG Z Z. Numerical model and investigation of simultaneous multiple-fracture propagation within a stage in horizontal well [J]. Environmental Earth Sciences, 2017, 76 (7): 273.

[39] GALE J, REED R M, HOLDER J. Natural fractures in the Barnett Shale and their importance for hydraulic fracture treatments [J]. AAPG Bulletin, 2007 (4): 91.

[40] 魏元龙, 杨春和, 郭印同, 等. 单轴循环荷载下含天然裂隙脆性页岩变形及破裂特征试验研究 [J]. 岩土力学, 2015, 36 (6): 1649-1658.

[41] 周健, 陈勉, 金衍, 等. 压裂中天然裂缝剪切破坏机制研究 [J]. 岩石力学与工程学报, 2008 (S1): 2637-2641.

[42] 陈勉, 周健, 金衍, 等. 随机裂缝性储层压裂特征实验研究 [J]. 石油学报, 2008 (3): 431-434.

[43] TALEGHANI A D. Analysis of hydraulic fracture propagation in fractured reservoirs: an improved model for the interaction between induced and natural fractures [J]. Dissertations & Theses-Gradworks, 2009, 5 (12): S58.

[44] WENG XIAOWEI. Modeling of complex hydraulic fractures in naturally fractured formation [J]. Journal of Unconventional Oil & Gas Resources, 2015 (9): 114-135.

[45] JIAN Z, YAN J, CHEN M. Experimental investigation of hydraulic fracturing in random naturally fractured blocks [J]. International Journal of Rock Mechanics & Mining Sciences, 2010, 47 (7): 1193-1199.

[46] 张士诚, 郭天魁, 周彤, 等. 天然页岩压裂裂缝扩展机理试验 [J]. 石油学报, 2014, 35 (3): 496-503.

[47] 赵海峰, 陈勉, 金衍, 等. 页岩气藏网状裂缝系统的岩石断裂动力学 [J]. 石油勘探与开发, 2012, 39 (4): 465-470.

[48] 蔡超, 李楠, 兰学樘, 等. 煤岩体水力压裂裂缝微震监测软件开发研究 [J]. 煤炭工程, 2022, 54 (6): 145-150.

[49] 孟召平, 王宇恒, 张昆, 等. 沁水盆地南部煤层水力压裂裂缝及地应力方向分析 [J]. 煤炭科学技术, 2019, 47 (10): 216-222.

[50] 周东平, 李栋. 煤矿井下水力压裂裂缝监测技术研究 [J]. 煤炭技术, 2017, 36 (11): 151-154.

[51] 张天军, 宋爽, 刘超, 等. 高河矿地面水力压裂裂缝监测及其识别方法 [J]. 煤炭技术, 2015, 34 (4): 185-187.

[52] 刘玮丰. 页岩水压裂缝扩展机理及微震监测分析 [D]. 成都: 西南石油大学, 2017.

[53] 秦鸿刚. 寺河矿地面水力压裂裂缝扩展井地联合微震监测技术 [J]. 煤炭技术, 2016, 35 (8): 132-134.

[54] 桂志先, 朱广生. 微震监测研究进展 [J]. 岩性油气藏, 2015, 27 (4): 68-76.

[55] 李君辉. 基于微震监测与地应力分析的低渗油藏压裂致缝解释研究 [D]. 长春: 吉林大学, 2015.

[56] 段建华, 汤红伟, 王云宏. 基于微震和瞬变电磁法的煤层气井水力压裂监测技术 [J]. 煤炭科学技术, 2018, 46 (6): 160-166.

[57] 李好. 基于矿井瞬变电磁法的煤矿井下水力压裂效果评价初探 [J]. 煤炭技术, 2016, 35 (12): 132-134.

[58] 田坤云, 李晓丽. 顶板致裂增大煤层透气性技术应用 [J]. 煤矿安全, 2016, 47 (10): 137-140.

[59] 王岳飞. 基于瞬变电磁法探测煤体内水力压裂流场的运动规律 [J]. 山西煤炭, 2016, 36 (4): 72-75.

[60] 范涛, 程建远, 王保利, 等. 应用瞬变电磁虚拟波场成像方法检测井下煤层气水力压裂效果的试验研究 [J]. 煤炭学报, 2016, 41 (7): 1762-1768.

[61] 张瑞林, 谷志鹏. 基于TEM探测煤岩水力压裂有效影响范围的实验研究 [J]. 煤炭技术, 2015, 34 (3): 95-98.

[62] 范彦阳，周东平，周俊杰，等. 煤矿井下水力压裂影响范围三维精准测定技术研究［C］. 2020 年西南五省（市、区）煤炭学术年会，贵阳，2020.

[63] 曾青冬，姚军. 基于扩展有限元的页岩水力压裂数值模拟［J］. 应用数学和力学，2014，35（11）：1239-1248.

[64] 张玉，王鹏胜，李大勇，等. 考虑水力耦合的射孔围岩水力压裂破裂数值模拟方法［J］. 岩土工程学报，2022，44（3）：409-419.

[65] 王聪，陈晨，孙友宏，等. 农安油页岩水力压裂模拟及实验研究［J］. 探矿工程（岩土钻掘工程），2015，42（11）：7-11.

[66] 朱宝存，唐书恒，颜志丰，等. 地应力与天然裂缝对煤储层破裂压力的影响［J］. 煤炭学报，2009，34（9）：1199-1202.

[67] 张春华，刘泽功，王佰顺，等. 高压注水煤层力学特性演化数值模拟与试验研究［J］. 岩石力学与工程学报，2009，28（S2）：3371-3375.

[68] 李玉梅，思娜，吕炜，等. 基于离散元数值法的页岩压裂复杂网络裂缝研究［J］. 钻采工艺，2019，42（1）：46-49.

[69] 龚迪光，曲占庆，李建雄，等. 基于 ABAQUS 平台的水力裂缝扩展有限元模拟研究［J］. 岩土力学，2016，37（5）：1512-1520.

[70] 周治东，程万，魏子俊，等. 基于 BEM 的水力裂缝起裂与扩展数值模拟［J］. 地球物理学进展，2020，35（2）：807-814.

[71] 王涛，柳占立，高岳，等. 基于给定参数的水力裂缝与天然裂缝相互作用结果的预测准则［J］. 工程力学，2018，35（11）：216-222.

[72] QIN L, ZHAI C, LIU S, et al. Mechanical behavior and fracture spatial propagation of coal injected with liquid nitrogen under triaxial stress applied for coalbed methane recovery［J］. Engineering Geology, 2017 (233): 1-10.

[73] HOU B, CUI Z, DING J H, et al. Perforation optimization of layer-penetration fracturing for commingling gas production in coal measure strata［J］. Petroleum Science 2022, 19 (4): 1718-1734.

[74] LIU P, JU Y, GAO F, et al. CT identification and fractal characterization of 3-D propagation and distribution of hydrofracturing cracks in low-permeability heterogeneous rocks［J］. Journal of Geophysical Research-Solid Earth, 2018, 123 (3): 2156-2173.

[75] WU C F, ZHANG X Y, WANG M, et al. Physical simulation study on the hydraulic fracture propagation of coalbed methane well［J］. Journal Of Applied Geophysics, 2018 (150): 244-253.

[76] LYU S F, WANG S W, CHEN X J, et al. Natural fractures in soft coal seams and their effect on hydraulic fracture propagation: a field study［J］. Journal of Petroleum Science and Engineering, 2020 (192): 107255.

[77] ZOU J P, CHEN W Z, YUAN J Q, et al. 3-D numerical simulation of hydraulic fracturing in a CBM reservoir [J]. Journal of Natural Gas Science and Engineering, 2017 (37): 386-396.

[78] ZHANG X, ZHANG S, YANG Y, et al. Numerical simulation by hydraulic fracturing engineering based on fractal theory of fracture extending in the coal seam [J]. Journal of Natural Gas Geoence, 2016, 1 (4): 319-325.

[79] ABASS H H, et al. Experimental observations of hydraulic fracture propagation through coal blocks [C]. Proceedings of SPE Eastern Regional Meeting, 1990.

[80] 周健, 陈勉, 金衍, 等. 裂缝性储层水力裂缝扩展机理试验研究 [J]. 石油学报, 2007 (5): 109-113.

[81] 赵益忠, 曲连忠, 王幸尊, 等. 不同岩性地层水力压裂裂缝扩展规律的模拟实验 [J]. 中国石油大学学报（自然科学版）, 2007 (3): 63-66.

[82] 陈勉, 庞飞, 金衍. 大尺寸真三轴水力压裂模拟与分析 [J]. 岩石力学与工程学报, 2000 (S1): 868-872.

[83] 刘洪, 罗天雨, 王嘉淮, 等. 水力压裂多裂缝起裂模拟实验与分析 [J]. 钻采工艺, 2009, 32 (6): 38-40.

[84] 张国强. 盐岩地层水力裂缝扩展试验研究 [J]. 石油天然气学报, 2008 (2): 558-559.

[85] 孙可明, 张树翠, 辛利伟. 页岩气储层层理方向对水力压裂裂纹扩展的影响 [J]. 天然气工业, 2016, 36 (2): 45-51.

[86] 王跃. 基于大型水力压裂实验系统的室内模拟研究 [J]. 地球物理学进展, 2017, 32 (1): 408-413.

[87] 许天福, 张延军, 于子望, 等. 干热岩水力压裂实验室模拟研究 [J]. 科技导报, 2015, 33 (19): 35-39.

[88] 张春华, 张勇志, 李江涛, 等. 深部煤层单段/多段水力压裂增透效果对比 [J]. 煤炭科学技术, 2017, 45 (6): 50-54.

[89] 周雷, 李立, 夏彬伟, 等. 含径向水力割缝钻孔导向压裂裂缝形态及影响要素 [J]. 煤炭学报, 2022, 47 (4): 1559-1570.

[90] 付海峰, 黄刘科, 张丰收, 等. 射孔模式对水力压裂裂缝起裂与扩展的影响机制研究 [J]. 岩石力学与工程学报, 2021, 40 (S2): 3163-3173.

[91] 李全贵, 武晓斌, 翟成, 等. 脉动水力压裂频率与流量对裂隙演化的作用 [J]. 中国矿业大学学报, 2021, 50 (6): 1067-1076.

[92] 王宁, 李树刚. 压裂液腐蚀效应下煤体力学损伤规律及增透效果研究 [J]. 煤炭科学技术, 2022, 50 (5): 150-156.

[93] 王雅丽, 李治刚, 郭红光. 超临界 CO_2 压裂煤岩储层增产煤层气应用发展前景 [J]. 中国矿业, 2021, 30 (10): 160-167.

[94] 高慧，冯春，朱心广，等. 基于连续-非连续元三维煤层气压裂开采分析 [J]. 山东大学学报（工学版），2021，51（6）：119-128.

[95] 姜玉龙. 煤系地层水力压裂裂缝扩展规律及界面影响机理研究 [D]. 太原：太原理工大学，2020.

[96] 张迁，王凯峰，周淑林，等. 沁水盆地柿庄南区块地质因素对煤层气井压裂效果的影响 [J]. 煤炭学报，2020，45（7）：2636-2645.

[97] 李畅，梁卫国，侯东升，等. 水、$ScCO_2$致裂煤体裂纹形态与形成机制研究 [J]. 岩石力学与工程学报，2020，39（4）：761-772.

[98] 姜婷婷. 煤层气藏水力压裂网状裂缝形成机理及扩展研究 [D]. 青岛：中国石油大学（华东），2015.

[99] FU Y，NIU Q，CUI B，et al. Evaluation of deep high-rank coal seam gas content and favorable area division based on GIS：a case study of the South Yanchuan block in Ordos Basin：[J]. Energy Exploration & Exploitation，2022，40（4）：1151-1172.

[100] ALEXIS D A，KARPYN Z T，ERTEKIN T，et al. Fracture permeability and relative permeability of coal and their dependence on stress conditions [J]. Journal of Unconventional Oil and Gas Resources，2015（10）：1-10.

[101] LIU B，ZHANG S H，TANG S H，et al. Numerical simulation of the influence of no-flow recharge aquifer on CBM drainage [J]. Coal Geology & Exploration，2021，49（2）：43-53.

[102] MA G，SU X B，LIN H X，et al. Theory and technique of permeability enhancement and coal mine gas extraction by fracture network stimulation of surrounding beds and coal beds [J]. Natural Gas Industry B，2014，1（2）：197-204.

[103] ALINAGHI DEHGHAN，et al. The effect of natural fracture dip and strike on hydraulic fracture propagation [J]. International Journal of Rock Mechanics and Mining Sciences，2015（75）：210-215.

[104] WESTWOOD R F，TOON S M，CASSIDY N J. A sensitivity analysis of the effect of pumping parameters on hydraulic fracture networks and local stresses during shale gas operations [J]. Fuel，2017（203）：843-852.

[105] JIANG T T，ZHANG J H，WU H. Experimental and numerical study on hydraulic fracture propagation in coalbed methane reservoir [J]. Journal of Natural Gas Science and Engineering，2016（35）：455-467.

[106] ZHOU J，ZHANG L，PAN Z，et al. Numerical investigation of fluid-driven near-borehole fracture propagation in laminated reservoir rock using PFC 2D [J]. Journal of Natural Gas Science and Engineering，2016（36）：719-733.

[107] LIU Z, CHEN M, ZHANG G. Analysis of the influence of a natural fracture network on hydraulic fracture propagation in carbonate formations [J]. Rock Mechanics & Rock Engineering, 2014, 47 (2): 575–587.

[108] HUANG B, HEN S, ZHAO X. Hydraulic fracturing stress transfer methods to control the strong strata behaviours in gob-side gateroads of longwall mines [J]. Arabian Journal of Geoences, 2017, 10 (11): 1–13.

[109] B D X, A A L, XSAB C, et al. Hydraulic fracturing test with prefabricated crack on anisotropic shale: laboratory testing and numerical simulation [J]. Journal of Petroleum Science and Engineering, 2018 (168): 409–418.

[110] CHITRALA Y, MORENO C, SONDERGELD C, et al. An experimental investigation into hydraulic fracture propagation under different applied stresses in tight sands using acoustic emissions [J]. Journal of Petroleum Science & Engineering, 2013, 108 (Complete): 151–161.

[111] LU Y, CHENG Y, GE Z, et al. Determination of fracture initiation locations during cross-measure drilling for hydraulic fracturing of coal seams [J]. Energies, 2016, 9 (5): 358.

[112] HU Q, LIU L, LI Q, et al. Experimental investigation on crack competitive extension during hydraulic fracturing in coal measures strata [J]. Fuel, 2020 (265): 117003.

[113] LIU P, JU Y, FENG Z, et al. Characterization of hydraulic crack initiation of coal seams under the coupling effects of geostress difference and complexity of pre-existing natural fractures [J]. Geomechanics and Geophysics for Geo-Energy and Geo-Resources, 2021, 7 (4): 96–112.

[114] NANDLAL K, WEIJERMARS R. Drained rock volume around hydraulic fractures in porous media: planar fractures versus fractal networks [J]. Petroleum Science, 2019 (5): 1064–1085.

[115] LIU Y, XU H, TANG D, et al. The impact of the coal macrolithotype on reservoir productivity, hydraulic fracture initiation and propagation [J]. Fuel, 2019 (239): 471–483.

[116] SHUAI H, LIU X, LI X, et al. Experimental and numerical study on the non-planar propagation of hydraulic fractures in shale [J]. Journal of Petroleum Science and Engineering, 2019 (179): 410–426.

[117] BOSTIC J N, AGARWAL R G, CARTER R D. Combined analysis of postfracturing performance and pressure buildup data for evaluating an MHF gas well [J]. Journal of Petroleum Technology, 1980, 32 (10): 1711–1719.

[118] JU Y, et al. CDEM - based analysis of the 3D initiation and propagation of hydrofracturing cracks in heterogeneous glutenites [J]. Journal of natural gas science and engineering, 2016 (35): 614 - 623.

[119] 朱心广. 渗流作用下地质体变形破裂高精度计算方法 [D]. 北京: 中国科学院大学, 2022.

[120] NAJURIETA L H. Theory for the pressure transient analysis in naturally fractured reservoirs [J]. Journal of Petroleum Technology, 1976, 32 (7): 5 - 8.

[121] KAZEMI H, SETH M S, THOMAS G W. The interpretation of interference tests in naturally fractured reservoirs with uniform fracture distribution [J]. SPE J 1969, 9 (4): 463 - 472.

[122] 陈骏. 煤层水力压裂裂缝扩展规律及其数值模拟研究 [D]. 北京: 中国矿业大学, 2019.

[123] 田坤云. 高压水荷载下煤体变形特性及瓦斯渗流规律研究 [D]. 北京: 中国矿业大学, 2014.

[124] 张贝贝. 水力压裂对高煤阶煤储层特征及产能的影响 [D]. 北京: 中国矿业大学, 2019.

[125] HOSSAIN M M, RAHMAN M K, RAHMAN S S. Hydraulic fracture initiation and propagation: roles of wellbore trajectory, perforation and stress regimes [J]. 2000, 27 (3 - 4): 129 - 149.

[126] 梁正召. 三维条件下的岩石破裂过程分析及其数值试验方法研究 [D]. 沈阳: 东北大学, 2005.

[127] 阳友奎, 吴刚, 邱贤德, 等. 水力压裂的能量平衡与断裂韧度 [J]. 重庆大学学报 (自然科学版), 1992 (2): 1 - 6.

[128] 李正军. 基于最小耗能原理水力压裂裂缝启裂及扩展规律研究 [D]. 大庆: 东北石油大学, 2011.

[129] JU Y, LIU P, CHEN J, et al. CDEM - based analysis of the 3D initiation and propagation of hydrofracturing cracks in heterogeneous glutenites [J]. Journal of Natural Gas Science & Engineering, 2016 (35): 614 - 623.

[130] LI Z Q, LI X L, YU J B, et al. Influence of existing natural fractures and beddings on the formation of fracture network during hydraulic fracturing based on the extended finite element method [J]. Geomechanics and Geophysics for Geo - Energy and Geo - Resources, 2020, 6 (4): 58.

[131] KRESSE O, WENG X W. Numerical modeling of 3D hydraulic fractures interaction in complex naturally fractured formations [J]. Rock Mechanics and Rock Engineering, 2018, 51 (12): 3863 - 3881.

[132] PENG W, MAO X B, LIN J B, et al. Study of the borehole hydraulic fracturing and the principle of gas seepage in the coal seam [J]. Procedia Earth & Planetary Science, 2009, 1 (1): 1561-1573.

[133] PALMER I. Coalbed methane completions: a world view [J]. International Journal of Coal Geology, 2010, 82 (3-4): 184-195.

[134] CHI A, XIAO X L, ZHANG J, et al. Experimental investigation of propagation mechanisms and fracture morphology for coalbed methane reservoirs [J]. Petroleum Science, 2018, 15 (4): 15.

[135] WANG Y, LIU D, CAI Y, et al. Constraining coalbed methane reservoir petrophysical and mechanical properties through a new coal structure index in the southern Qinshui Basin, Northern China: implications for hydraulic fracturing [J]. AAPG Bulletin, 2020 (8): 104.

[136] 张渊, 赵阳升. 岩石非均质度与热破裂的相关性分析 [J]. 兰州理工大学学报, 2009, 35 (6): 135-137.

[137] WANNIARACHCHI W, GAMAGE R P, PERERA M, et al. Investigation of depth and injection pressure effects on breakdown pressure and fracture permeability of shale reservoirs: an experimental study [J]. Applied Sciences-Basel, 2017, 7 (7): 664-689.

[138] CHONG Z H, LI X H, CHEN X Y, et al. Numerical investigation into the effect of natural fracture density on hydraulic fracture network propagation [J]. Energies, 2017, 10 (7): 914-947.

[139] LIU J, YAO Y B, LIU D M, et al. Experimental simulation of the hydraulic fracture propagation in an anthracite coal reservoir in the southern Qinshui basin, China [J]. Journal of Petroleum Science and Engineering, 2018 (168): 400-408.

[140] ZHOU J, ZHANG L Q, BRAUN A, et al. Numerical modeling and investigation of fluid-driven fracture propagation in reservoirs based on a modified fluid-mechanically coupled model in two-dimensional particle flow code [J]. Energies, 2016 (9) 1-19.

[141] WANG S, LI H M, LI D Y. Numerical simulation of hydraulic fracture propagation in coal seams with discontinuous natural fracture networks [J]. Processes, 2018, 6 (8): 113-138.

[142] LIU G F, WANG L H, SUN Z B, et al. Research progress of pore-throat structure in tight sandstone formation [J]. Petroleum Science Bulletin, 2022 (3): 406-419.

[143] 武男, 陈东, 孙斌, 等. 基于分类方法的煤层气井压裂开发效果评价 [J]. 煤炭学报, 2018, 43 (6): 1694-1700.

[144] 秦勇，申建，王宝文，等. 深部煤层气成藏效应及其耦合关系 [J]. 石油学报，2012，33（1）：48-54.

[145] SU X, LIN X, LIU S, et al. Geology of coalbed methane reservoirs in the Southeast Qinshui Basin of China [J]. International Journal of Coal Geology, 2005, 62 (4): 197-210.

[146] 杨兆中，杨苏，张健，等. 800m以深直井煤储层压裂特征分析 [J]. 煤炭学报，2016，41（1）：100-104.

[147] 申鹏磊，吕帅锋，李贵山，等. 深部煤层气水平井水力压裂技术——以沁水盆地长治北地区为例 [J]. 煤炭学报，2021，46（8）：2488-2500.

[148] LI R, WANG S W, LYU S F, et al. Geometry and filling features of hydraulic fractures in coalbed methane reservoirs based on subsurface observations [J]. Rock Mechanics and Rock Engineering, 2020, 53 (5): 2485-2492.

[149] 崔聪，张浪. 水力压裂对煤层应力影响的实验研究 [J]. 矿业安全与环保，2018，45（4）：12-16.

[150] 王晓光. 煤层水力压裂应力演化机制及应用研究 [D]. 重庆：重庆大学，2019.

[151] 卢义玉，李瑞，鲜学福，等. 地面定向井+水力割缝卸压方法高效开发深部煤层气探讨 [J]. 煤炭学报，2021，46（3）：876-884.

[152] 韩保山. 构造煤煤层气压裂方式及机制探讨 [J]. 煤矿安全，2019，50（7）：211-214.

[153] 吕帅锋，王生维，刘洪太，等. 煤储层天然裂隙系统对水力压裂裂缝扩展形态的影响分析 [J]. 煤炭学报，2020，45（7）：2590-2601.

[154] 郭建春，赵志红，路千里，等. 深层页岩缝网压裂关键力学理论研究进展 [J]. 天然气工业，2021，41（1）：102-117.

[155] 金军，杨兆彪，秦勇，等. 贵州省煤层气开发进展、潜力及前景 [J]. 煤炭学报，2022，47（11）：4113-4126.

[156] 李晓红，卢义玉，赵瑜，等. 高压脉冲水射流提高松软煤层透气性的研究 [J]. 煤炭学报，2008，33（12）：1386-1390.

[157] LI Y L, ZHANG C, SUN Y F, et al. Experimental study on the influence mechanism of coal-rock fracture differential deformation on composite permeability [J]. Natural Resources Research, 2022, 31 (5): 2853-2868.

[158] 黄中伟，李志军，李根生，等. 煤层气水平井定向喷射防砂压裂技术及应用 [J]. 煤炭学报，2022，47（7）：2687-2697.